智能制造领域高素质技术技能人才培养系列教材

工控网络与组态技术

主　编　刘媛媛　魏甜甜　付光怀
副主编　陈　翡　杨进民
参　编　戴　天　钱树龙　黄明珠

机械工业出版社
CHINA MACHINE PRESS

本书是依据教育部《职业教育专业简介（2022年修订）》中智能控制技术专业的培养目标，从应用实际出发，按照项目-任务式模式编写的工业控制网络与通信课程的理实一体化教学用书，符合高等职业教育的教学特点以及高职学生的认知规律。

本书内容包括触摸屏应用入门、触摸屏典型应用、PLC串行通信应用、PLC以太网通信应用以及PLC与外围设备通信应用。本书内容浅显易懂，编写新颖，实用性、创新性强，贴近生产实际，突出体现了工业控制网络与通信课程的产业属性，可作为高等职业院校智能控制技术等自动化类专业学生的教材，也可供技术人员参考。

为方便教学，本书配有电子课件、习题解答、项目源程序及电路等资源，凡选用本书作为授课教材的教师，均可登录机械工业教育服务网（www.cmpedu.com）或来电免费索取。咨询电话：010-88379375。

图书在版编目（CIP）数据

工控网络与组态技术 / 刘媛媛，魏甜甜，付光怀主编. -- 北京：机械工业出版社，2024.6. --（智能制造领域高素质技术技能人才培养系列教材）. -- ISBN 978-7-111-76108-2

I. TP273

中国国家版本馆CIP数据核字第202416NQ06号

机械工业出版社（北京市百万庄大街22号　邮政编码100037）
策划编辑：高亚云　　　　　责任编辑：高亚云　韩　静
责任校对：韩佳欣　李　婷　封面设计：王　旭
责任印制：刘　媛
唐山三艺印务有限公司印刷
2024年8月第1版第1次印刷
184mm×260mm・15.75印张・398千字
标准书号：ISBN 978-7-111-76108-2
定价：49.00元

电话服务　　　　　　　网络服务
客服电话：010-88361066　机 工 官 网：www.cmpbook.com
　　　　　010-88379833　机 工 官 博：weibo.com/cmp1952
　　　　　010-68326294　金 书 网：www.golden-book.com
封底无防伪标均为盗版　机工教育服务网：www.cmpedu.com

高等职业教育智能控制技术专业毕业生所从事的工作岗位主要是智能设备的组装、调试和维护等，掌握工业控制网络与触摸屏组态技术是学生胜任这些岗位所需要的重要职业能力之一。西门子 PLC 在我国的应用较为普遍，也是高职相关课程中选用较多的 PLC 类型，其中 S7-1200 PLC 及其配套的 TIA 博途软件（集成 WinCC）应用十分广泛。

为不失一般性，本书以西门子触摸屏为平台，介绍 HMI 组态技术，主要包括画面组态、PLC 编程、HMI 与 PLC 通信等；以西门子 S7-1200 PLC 为硬件平台，讲解工业设备通信中的串行通信、以太网通信等相关知识和应用实例。本书既能满足智能控制技术专业相关课程的教学，又能使读者了解如何利用 HMI 组态技术监测设备现场数据，并掌握工控网络在智能设备控制中的重要作用。

本书的内容安排：

项目 1 为触摸屏应用入门，主要介绍触摸屏功能、PLCSIM 仿真软件和 WinCC 仿真软件的使用。

项目 2 为触摸屏典型应用，主要介绍按钮、指示灯、输入/输出域、棒图、动画、多画面切换等屏画面组态。

项目 3 为 PLC 串行通信应用，主要介绍串行通信、自由口通信和 Modbus RTU 通信应用实例。

项目 4 为 PLC 以太网通信应用，主要介绍 S7-1200 PLC 固件版本及支持的协议、PROFINET 通信、S7 通信、开放式用户通信、Modbus TCP 通信应用实例。

项目 5 为 PLC 与外围设备通信应用，分别介绍了 PLC 与变频器的 Modbus 通信、PLC 与 ABB 机器人的 PROFINET 通信以及 PLC 与 HIKVISION 相机的 TCP 通信应用实例。

本书由无锡科技职业学院的刘媛媛、魏甜甜、付光怀任主编，无锡科技职业学院的陈翡、杨进民任副主编，无锡威孚高科技股份有限公司的戴天、无锡村田电子有限公司的钱树龙和无锡奥特维科技股份有限公司的黄明珠参与编写，为全书提供了技术支持和部分实践案例。

本书虽经几次修改，但由于技术发展日新月异，加之编者能力所限，不足之处在所难免，敬请专家读者批评指正。

编　者

二维码索引

名称	图形	页码	名称	图形	页码
工作区		4	新建项目及组态		16
详细视图操作		4	设置 CPU 属性		17
TIA 博途软件介绍		6	创建 PLC 变量表		17
创建项目与硬件组态		7	编写 OB1 主程序		17
工具箱基本对象		13	组态触摸屏		18
在线帮助功能		15	设置触摸屏属性		19
信息系统		16	创建网络连接		19

（续）

名称	图形	页码	名称	图形	页码
创建 HMI 变量表		20	鼠标操作（1）		31
组态启动按钮		20	鼠标操作（2）		31
组态指示灯		22	灯塔之光控制		38
组态时间 I/O 域		23	使用文本列表的按钮组态		39
PLCSIM 下载		25	生成图形列表的条目		40
程序在线监控		25	使用图形列表的按钮组态		41
电动机星三角减压启动控制		29	水塔水位控制		51

（续）

名称	图形	页码	名称	图形	页码
棒图的属性操作		52	串行通信认知		130
棒图仿真		54	自由口通信应用		135
报警组态		54	Modbus RTU 通信应用（1）		147
液体混料装置控制		69	Modbus RTU 通信应用（2）		147
日期时间域		71	工业以太网认知		163
时钟组态		72	PROFINET 通信应用		169
简易触摸屏动画制作		97	S7 通信应用		175

（续）

名称	图形	页码	名称	图形	页码
开放式用户通信应用		185	加载 GSD 文件		222
Modbus TCP 通信应用		195	机器人操作		224
PLC 与变频器的 Modbus 通信		207	PLC 与 HIKVISION 相机的 TCP 通信应用		234
PLC 与 ABB 机器人的 PROFINET 通信应用		220			

前言

二维码索引

项目 1 触摸屏应用入门 ··· 2
任务 1 认识 TIA 博途软件及触摸屏 ··· 2
任务 2 触摸屏使用入门 ·· 12

项目 2 触摸屏典型应用 ··· 29
任务 1 电动机星三角减压启动控制 ·· 29
任务 2 灯塔之光控制 ··· 38
任务 3 水塔水位控制 ··· 50
任务 4 液体混料装置控制 ·· 69
任务 5 手自动切换小车装卸料控制 ··· 96

项目 3 PLC 串行通信应用 ··· 130
任务 1 串行通信认知 ··· 130
任务 2 自由口通信应用 ·· 135
任务 3 Modbus RTU 通信应用 ·· 147

项目 4 PLC 以太网通信应用 ··· 163
任务 1 工业以太网认知 ·· 163
任务 2 PROFINET 通信应用 ·· 169
任务 3 S7 通信应用 ·· 174
任务 4 开放式用户通信应用 ··· 184
任务 5 Modbus TCP 通信应用 ·· 195

项目 5 PLC 与外围设备通信应用 ·· 207
任务 1 PLC 与变频器的 Modbus 通信应用 ·· 207
任务 2 PLC 与 ABB 机器人的 PROFINET 通信应用 ································ 220
任务 3 PLC 与 HIKVISION 相机的 TCP 通信应用 ···································· 234

参考文献 ·· 243

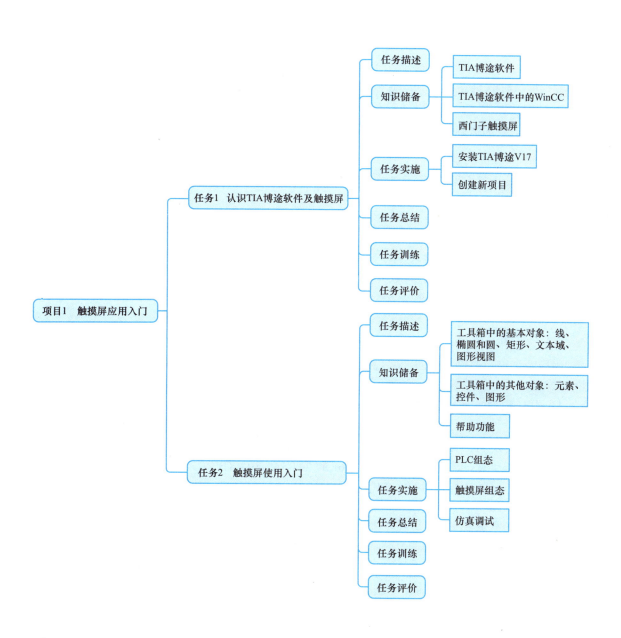

项目 1 触摸屏应用入门

触摸屏又称人机界面（Human Machine Interface，HMI），已经广泛应用于工业控制现场，常与 PLC 配套使用。我们可以通过触摸屏对 PLC 进行参数设置、数据显示，以及用曲线、动画等形式描述自动化控制过程。

任务 1　认识 TIA 博途软件及触摸屏

> 学习目的：
> 1. 掌握西门子 TIA 博途软件的基本应用；
> 2. 掌握西门子 1200 PLC 与触摸屏的网络连接方法。

1.1.1　任务描述

组态一个电机启停控制的"综合项目"，通过项目组态掌握硬件组态过程，本任务使用的硬件主要有：

1）CPU 1214C DC/DC/DC，一台，订货号：6ES7 214-1AG40 0XB0。
2）信号板 AO1×12bit，一块，订货号：6ES7 232-4HA30 0XB0。
3）信号模块 8DO，一块，订货号：6ES7 222-1BF30 0XB0。
4）通信模块 RS485，一块，订货号：6ES7 241-1CH30 0XB0。
5）HMI（人机界面），一台，型号：KTP700 Basic，订货号：6AV2 123-2GB03-0AX0。

1.1.2　知识储备

1. TIA 博途软件

TIA（Totally Integrated Automation）博途软件是西门子自动化的全新工程设计软件平台，它将所有自动化软件工具集成在统一的开发环境中，是世界上第一款将所有自动化任务整合在一个工程设计环境下的软件。

TIA 博途软件与传统方法相比，无须花费大量时间集成各个软件包，同时显著降低了成本。TIA 博途软件的设计兼顾了高效性和易用性，适合新老用户使用。自推出之后 TIA 博途软件经历了多次的版本更新，对 Windows 系统和内存等要求也在不断变化，表 1-1-1 为 TIA 博途 STEP Basic/Professional 各版本的基本要求。

表 1-1-1　TIA 博途 STEP Basic/Professional 各版本基本要求

版本	计算机系统	内存要求	与 SIMATIC HMI 兼容性
STEP Basic/Professional V11	Windows 7，Windows XP，Windows Server	2GB 或更高	WinCC flexible 2008-2008 SP3；WinCC V7.0
STEP Basic/Professional V12	Windows 7，Windows XP，Windows Server	32 位操作系统 3GB；64 位操作系统 8GB	WinCC flexible 2008-2008 SP3；WinCC V7.0~V7.2
STEP Basic/Professional V13	Windows 7，Windows 8，Windows 10，Windows Server	8GB 及以上	WinCC flexible 2008-2008 SP5；WinCC V7.0~V7.4
STEP Basic/Professional V14	Windows 7，Windows 8，Windows 10，Windows Server	16GB 及以上	WinCC flexible 2008 SP3；WinCC V7.3~V7.4
STEP Basic/Professional V15~V16	Windows 7，Windows 10，Windows Server	16GB 及以上	WinCC flexible 2008 SP5
STEP Basic/Professional V17	Windows 10，Windows Server	16GB 及以上	WinCC flexible 2008 SP5

为了帮助用户提高生产率，TIA 博途软件提供了两种不同的工具集视图：根据工具功能组织的面向任务的门户视图，及项目中各元素组成的面向项目的项目视图。用户只需通过单击左下角的切换按钮就可以切换门户视图和项目视图。

（1）门户视图（Portal View、Portal 视图）

门户视图提供项目任务的功能视图并根据要完成的任务（例如，创建硬件组件和网络的组态）组织工具的功能，用户可以很容易地确定如何继续以及选择哪个任务，如图 1-1-1 所示。

图 1-1-1　门户视图

在图 1-1-1 中：

①区是不同的任务入口视图。根据已安装的产品提供相应的任务入口。

②区是已选入口的相关操作。

③区是已选操作的选择面板。在所选择的任务入口中有相关的选择面板。

④区可切换到"项目视图"。

（2）项目视图（Project View、Project 视图）

单击"项目视图"按钮，切换到项目视图，项目视图的布局如图 1-1-2 所示。项目视图提供了访问项目中任意组件的途径。项目视图界面最上方三行分别为菜单栏（包括工作使用的所有命令）、工具栏（通过工具条中的命令按钮，用户能快速访问这些命令）、标题栏（显示项目的名称）。

工作区

详细视图操作

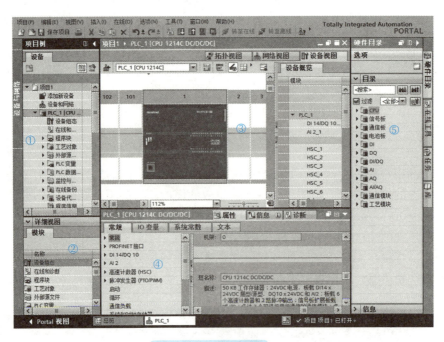

图 1-1-2　项目视图

图 1-1-2 中：

① 项目树：使用项目树功能可以访问所有组件和项目数据。可在项目树中执行以下任务：a. 添加新组件；b. 编辑现有组件；c. 扫描和修改现有组件的属性。

② 详细视图：详细视图中将显示总览窗口或项目树中所选对象的特定内容，其中可以包含文本列表或变量，但不显示文件夹的内容。要显示文件夹的内容，可使用项目树或巡视窗口。

③ 工作区：工作区内显示进行编辑而打开的对象，包括编辑器、视图或者表格等。在工作区中可以打开若干个对象，但通常每次在工作区中只能看到其中一个对象。在编辑器栏中，所有其他对象均显示为选项卡。如果在执行某些任务时要同时查看两个对象，例如两个窗口间对象的复制，则可以水平方式或者垂直方式平铺工作区，也可以单击需要同时查看的工作区窗口右上方的浮动按钮。如果没有打开任何对象，则工作区是空的。

④ 巡视窗格：巡视窗格具有三个选项卡：属性、信息和诊断。

"属性"选项卡：此选项卡显示所选对象的属性，可以查看对象属性或者更改可编辑的对象属性。例如修改 CPU 的硬件参数、更改变量类型等操作。

"信息"选项卡：此选项卡显示所选对象的附加信息，如交叉引用、语法信息等内容以及执行操作（例如编译）时发出的报警。

"诊断"选项卡：此选项卡中将提供有关系统诊断事件、已组态消息事件、CPU 状态以及连接诊断的信息。

⑤ 任务卡：根据所编辑对象或所选对象，提供了用于执行操作的任务卡。这些操作包括：a. 从库中或者从硬件目录中选择对象；b. 在项目中搜索和替换对象；c 将预定义的对象拖入工作区。

在屏幕右侧的条形栏中可以找到可用的任务卡，可以随时折叠和重新打开这些任务卡。哪些任务卡可用取决于所安装的软件产品。比较复杂的任务卡会划分为多个窗格，这些窗格也可以折叠和重新打开。

2. TIA 博途软件中的 WinCC

触摸屏（人机界面，HMI）的主要功能可以概述如下：

1）过程可视化。在触摸屏画面上动态显示过程数据。

2）操作员对设备的控制。操作员通过图形界面控制设备。例如，操作员可以通过触摸屏来修改设定参数或控制电机等。

3）显示报警。设备的故障状态会自动触发报警并显示报警信息。

4）记录功能。记录过程值和报警信息。

5）配方管理。将设备的参数存储在配方中，可以将这些参数下载到 PLC 中。

TIA 博途软件中的 WinCC（Windows Control Center）是用于组态西门子面板、工业 PC 和标准 PC 的软件，有 HMI 的仿真功能。WinCC 有下述四种版本：

1）WinCC Basic（基本版）：用于组态精简系列面板，STEP 7 集成了 WinCC 的基本版。

2）WinCC Comfort（精智版）：用于组态所有的面板（包括精简面板、精智面板、移动面板和上一代的 170/270/370 系列面板）。

3）WinCC Advanced（高级版）：用于组态所有的面板和 PC 单站系统，将 PC 作为功能强大的 HMI 设备使用。

4）WinCC Professional（专业版）：用于组态所有的面板，以及基于 PC 的单站到多站（包括标准客户端或 Web 客户端）的 SCADA（数据采集与监控）系统。

3. 西门子触摸屏

西门子触摸屏产品主要分为精简触摸屏（见图 1-1-3）、精智触摸屏和移动触摸屏。其中精简触摸屏是面向基本应用的触摸屏，适合与 S7-1200 PLC 配合使用，可以通过 WinCC 进行组态。

图 1-1-3　精简触摸屏

精简触摸屏主要型号见表 1-1-2。

表 1-1-2　精简触摸屏主要型号

型号	屏幕尺寸 /in	可组态按键	分辨率	变量
KTP400 Basic	4.3	4	480×272	800
KTP600 Basic	6	6	320×240	800
KTP700 Basic	7	8	800×480	800
KTP900 Basic	9	8	800×480	800
KTP1200 Basic	12	10	1280×800	800

1.1.3　任务实施

1. 安装 TIA 博途 V17

安装 STEP 7 Basic / Professional V17 的计算机推荐满足以下需求：

1）处理器：Intel® Core™ i5-8400H（2.5~4.2GHz；4 核 + 超线程；8MB 智能缓存）。

2）内存：16GB 或者更多（对于大型项目为 32GB）。

3）硬盘：SSD（固态硬盘），配备至少 50GB 的存储空间。

4）显示器：15.6in 宽屏显示（1920×1080）。

进入西门子官方网站，用邮箱注册西门子会员就可以下载常用软件，博途 V17 的下载链接为：https://support.industry.siemens.com/cs/document/109784440/simatic-step-7-incl-safety-s7-plcsim-and-wincc-v17-trial-download?dti=0&lc=en-US。下载界面如图 1-1-4 所示，下载 DVD1 镜像文件后进行安装，按提示就可以完成 STEP 7 Safety Basic 和 WinCC Basic 安装。

TIA 博途软件介绍

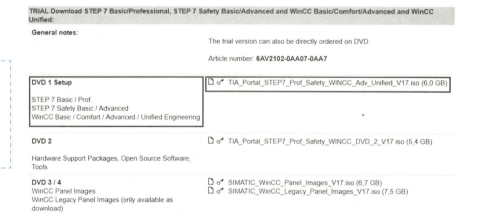

图 1-1-4　STEP 7 Basic/Professional V17 下载界面

安装注意事项：

① 在双击 step7.exe 后可能会出现计算机重新启动安装情况，此时需要在"运行"对话框中输入"regedit"打开注册表，在注册表中找到 HKEY_LOCAL_MACHINE /SYSTEM/Current Control Set/Control/Session Manager 中的"Pending File Rename Operations"项，将其删除就可以继续安装软件。

② 安装时一般要将杀毒软件关闭，以防止误删文件导致安装不完整。

③ 安装过程中遇到授权问题先选择"跳过许可证授权",软件安装完成后运行西门子博途的授权文件。

西门子博途的授权需要收费,可根据项目具体需求购买不同类型的授权,如组态版授权和运行版授权。运行版授权有不同的版本和适用范围,用户可根据自己的实际情况选择合适的授权类型。如博途 WinCC 组态版本按功能分为 Basic、Comfort、Advanced、Professional 版本,各版本能组态的设备如图 1-1-5 所示。

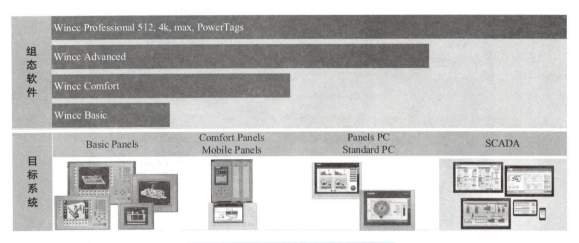

图 1-1-5 博途 WinCC 组态版本类型

2. 创建新项目

（1）新建项目

打开 STEP7 Professional V17 的 Portal 视图,在选择面板中单击"创建新项目",在右侧相应的面板中设置项目名称和项目存储的路径等,创建名称为"综合项目"的新项目,如图 1-1-6 所示。

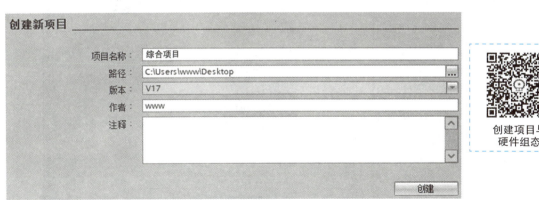

图 1-1-6 创建新项目

（2）添加 PLC 硬件

双击项目视图左侧项目树下的"添加新设备",在右侧出现"添加新设备"对话框,单击"控制器"图标,选择"SIMATIC S7-1200",单击"CPU"选项左边的扩展按钮（▶）,展开 CPU 型号，选择"CPU 1214C DC/DC/DC"→"6ES7 214-1AG40-0XB0"，界面右侧会出现该 CPU 的订货号、版本和详细说明。版本应跟现场设备保持一致，此处选择 V4.2，如图 1-1-7 所示。

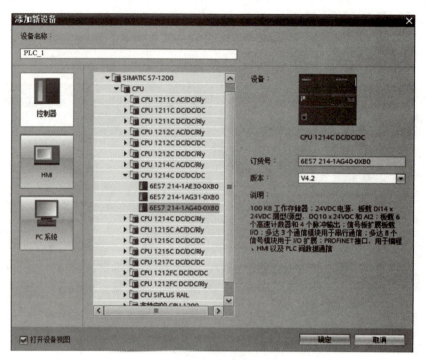

图 1-1-7　添加新设备

单击"确定"按钮，CPU 模块就添加成功了，如图 1-1-8 所示。

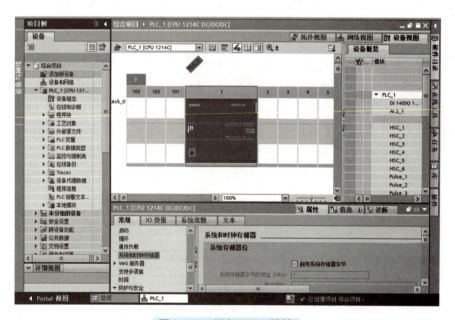

图 1-1-8　添加 CPU 模块

(3)组态信号板

打开右侧的"硬件目录",在目录树中单击"信号板",在展开选项中找到"AQ",此时只有一个选项,双击订货号"6ES7 232-4HA30-0XB0",信号板便组态好了,如图 1-1-9 所示。

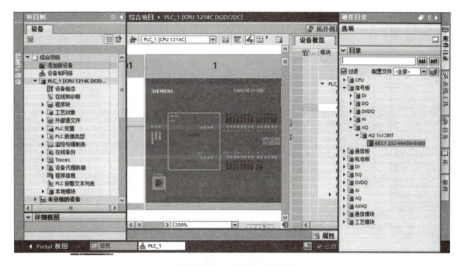

图 1-1-9　组态信号板

(4)组态信号模块

单击 2 号空机架空槽,在右侧"硬件目录"树下选择"DQ"→"DQ 8×24VDC"→"6ES7 222-1BF32 0XB0",双击将其加载到 2 号空机架空槽,或直接将其拖拽到 2 号机架位置,如图 1-1-10 所示。

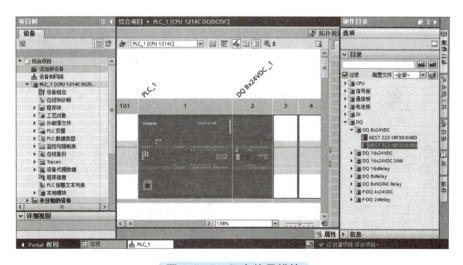

图 1-1-10　组态信号模块

(5)组态通信模块

单击 101 空机架槽,选中"硬件目录"树下"通信模块"→"点到点"→"CM 1241(RS485)",双击订货号为"6ES7 241-1CH30-0XB0"的通信模块,将其添加到 101 号槽,如图 1-1-11 所示。

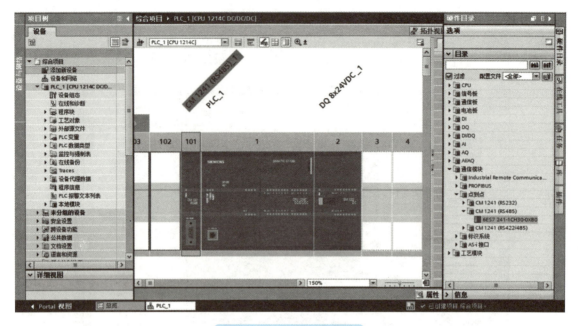

图 1-1-11 组态通信模块

（6）添加 HMI（人机界面）

单击"添加新设备"选项，单击"HMI"图标，进入 HMI 硬件选型界面，选择"SIMATIC 精简系列面板"→"7″显示屏"→"KTP700 Basic"，选中订货号为"6AV2 123-2GB03-0AX0"的触摸屏，单击"确定"按钮，这时会出现 HMI 设备向导，此处先不按向导指引进行设置，直接单击"完成"，HMI 就加载过来了，如图 1-1-12 和图 1-1-13 所示。

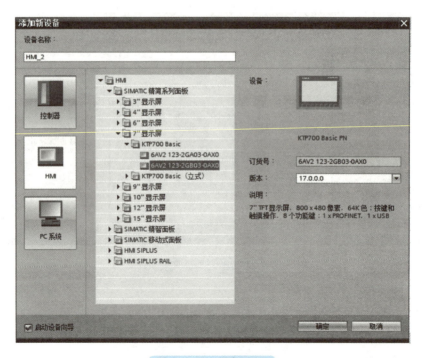

图 1-1-12 添加 HMI

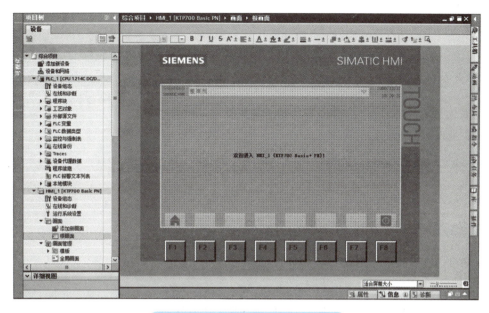

图 1-1-13　组态完成的 HMI 界面

（7）设备和网络视图

硬件组态全部完成后，可以在项目视图左侧的项目树下看到添加的 PLC 硬件和触摸屏硬件，单击"设备和网络"，进入网络视图，选中 PLC 的以太网接口并拖拽一根线连接到 HMI 的以太网接口，这样两个设备就连接起来了，如图 1-1-14 所示。

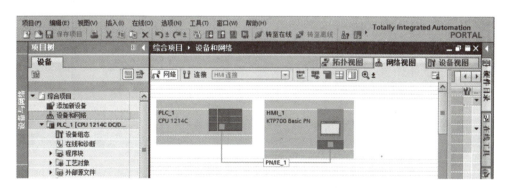

图 1-1-14　网络视图组态界面

单击工具栏中的"保存项目"按钮对项目进行保存。硬件组态完成后需进行软件编程，后续任务将进行学习。

1.1.4　任务总结

1）西门子 TIA 博途软件是专业的自动化编程软件，具有全集成自动化的功能，多用于 PLC 编程与仿真操作，并为每个工作和编程步骤都提供了透明性、智能用户导航和简单的工作流程。

2）TIA 博途 V17 软件安装对计算机性能要求较高，计算机内存为 8GB 及以上，安装结束后要进行授权，只有授权通过后才可以正常使用。

1.1.5　任务训练

1. 在"添加新设备"对话框中可以看到所有型号的 CPU，下面哪些信息不能够在此对话框中显示出来？（　　）

　　A. 型号　　　　　　　　B. 订货号
　　C. 版本　　　　　　　　D. CPU 支持的 I/O 点数

2. 什么是人机界面？它的英文缩写是什么？
3. 项目视图下的项目树可以执行哪些功能？
4. 怎样打开和关闭项目树？怎样调节项目树的宽度？
5. 哪些系列的面板可以用 TIA 博途软件中的 WinCC 组态？

1.1.6　任务评价

请根据自己在本任务中的实际表现进行评价，见表 1-1-3。

表 1-1-3　任务评价表

项目	评分标准	分值	得分
接受工作任务	明确工作任务	5	
信息收集	博途软件和触摸屏相关知识及操作要点	15	
制定计划	工作计划合理可行，人员分工明确	10	
计划实施	能够了解触摸屏的主要功能和 WinCC 的版本分类	20	
	能够正确安装 TIA 博途软件	10	
	熟悉 TIA 博途软件的视图操作	10	
	熟练掌握 TIA 博途软件的硬件组态	20	
质量检查	按照要求完成相应任务	5	
评价反馈	经验总结到位，合理评价	5	
得分（满分 100）			

任务 2　触摸屏使用入门

学习目的：
1. 掌握触摸屏的硬件组态、属性设置；
2. 掌握触摸屏根画面按钮、灯的组态方法；
3. 掌握 S7-PLC SIM 的使用；
4. 掌握西门子 WinCC 的仿真使用；
5. 掌握 HMI 与 PLC 的联机调试。

1.2.1　任务描述

在触摸屏上仿真实现指示灯延时点亮控制。组态"启动按钮""停止按钮""指示灯""定时器延时时间"等对象，并在 TIA 博途软件上编写程序。要求按下触摸屏启动按钮，触摸屏指示灯点亮，同时开始启动延时，并在屏幕上显示延时时间；按下触摸屏停止按钮，触摸屏指示灯熄灭。

本任务使用的硬件主要有：

1）CPU 1214C DC/DC/DC，一台，订货号：6ES7 214-1AG40 0XB0。
2）HMI（人机界面），一台，型号：KTP700 Basic，订货号：6AV2 123-2GB03-0AX0。
3）编程计算机，一台，已安装 TIA 博途专业版软件。
4）四口工业交换机，一台。

1.2.2 知识储备

在之前的任务中介绍了如何进入 HMI 组态界面（见图 1-1-13），在界面最右侧为 WinCC 的工具箱，下面介绍工具箱的基本使用方法。

任务卡的"工具箱"中可以使用的对象与 HMI 设备的型号有关。工具箱包含过程画面中需要经常使用的各种类型的对象，例如图形对象和操作员控件。

用右键单击工具箱中的区域，可以用出现的"大图标"复选框设置采用大图标或小图标。在大图标模式可以通过"显示描述"复选框设置是否在各对象下面显示对象的名称。

根据当前激活的编辑器，"工具箱"包含不同的窗格。打开"画面"编辑器时，工具箱提供的窗格有基本对象、元素、控件和图形。不同型号的人机界面可以使用的对象也不同。

工具箱基本对象

1. 工具箱中的基本对象

"基本对象"有下列对象：

1）线：可以设置线的宽度和颜色，起点或终点是否有箭头。可以选择实线或虚线，端点可以设置为圆弧形，如图 1-2-1 所示。

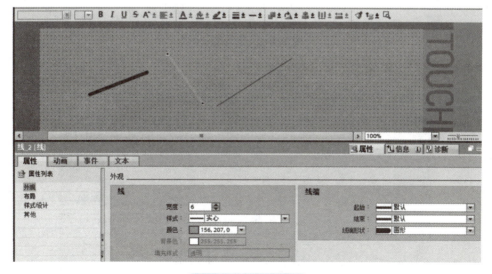

图 1-2-1 线的组态

2）椭圆和圆：可以调节大小和设置椭圆两个轴的尺寸，以及设置内部区域的颜色，如图 1-2-2 所示。

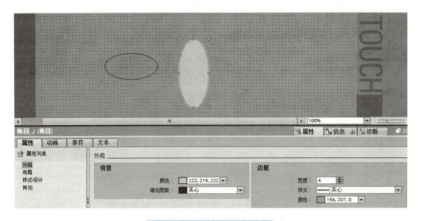

图 1-2-2　椭圆的组态

3）矩形：可以设置矩形的高度、宽度和内部区域的颜色，调整矩形的转角，如图 1-2-3 所示。

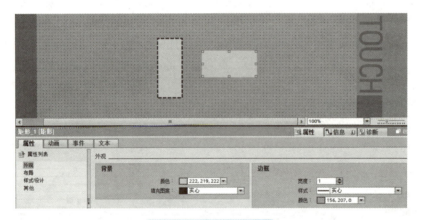

图 1-2-3　矩形的组态

4）文本域：可以在文本域中输入一行或多行文本，定义字体和字的颜色，设置文本域的背景色和样式，如图 1-2-4 所示。

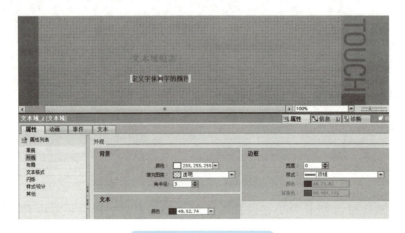

图 1-2-4　文本域的组态

5）图形视图：图形视图用于在画面中显示用外部图形编程工具创建的图形。可以显示下列格式的图形："*.emf""*.wmf""*.png""*.ico""*.bmp""*.jpg""*.jpeg""*.gif"和"*.tif"。在图形视图中，还可以将其他图形编程软件编辑的图形集成为 OLE（对象链接与嵌入）对象。可以直接在 VISIO、Photoshop 等软件中创建这些对象，或者将这些新创建的文件插入图形视图，可以用创建它的软件来编辑。

2. 工具箱中的其他对象

1）元素：精简面板的"元素"窗格中有 I/O 域、按钮、符号 I/O 域、图形 I/O 域、日期/时间域、棒图、开关。

2）控件：提供增强的功能，精简面板的"控件"窗格有报警视图、趋势视图、用户视图、HTML 浏览器、配方视图、系统诊断视图。

3）图形："图形"窗格的"WinCC 图形文件夹"提供了很多图库，用户可以调用其中的图形元素，也可以用"我的图形文件夹"来管理自己的图库。

3. 帮助功能

（1）在线帮助功能

选中菜单中的某个条目，然后按计算机键盘上的 <F1> 键便可以得到与其有关的在线帮助信息。将光标放到某个功能框上，将会出现该功能框的功能。

选中画面中的某个文本框，再选中巡视窗格的"属性"→"属性"→"外观"，如图 1-2-5 所示。将光标放到"角半径"数值框上，出现的层叠工具提示框显示"指定此对象的角半径"。单击层叠工具提示框持续显示几秒钟后，提示框被打开。蓝色有下画线的"设计边框"是指向相应帮助主题的链接。单击该链接，将会打开信息系统，并显示相应的主题。

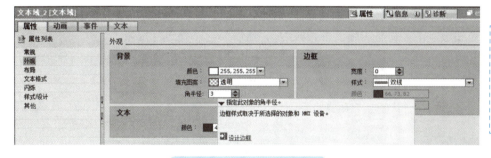

在线帮助功能

图 1-2-5　层叠工具提示框

（2）信息系统

帮助被称为信息系统，可以通过以下方式打开信息系统，如图 1-2-6 所示。

1）执行菜单命令"帮助"→"显示帮助"。

2）选中某个对象（例如程序中的某条指令）后，按 <F1> 键。

3）单击层叠工具提示框中层叠项的链接，可以直接转到信息系统中的对应位置。

单击信息系统工具栏上的"显示/隐藏目录"按钮，可以显示或隐藏左侧的导航区域。左侧的"目录"选项卡列出了帮助文件的目录，可以借助目录浏览器寻找需要的帮助主题。"索引"选项卡提供了按字母顺序排列的主题关键词，双击某一关键词，右侧窗口将显示有关的帮助信息。在"搜索"选项卡键入要查找的关键词，单击"列出主题"按钮，将列出所有查找到的与它有关的主题。双击某一主题，右边窗口将显示有关的帮助信息。

信息系统

图 1-2-6　信息系统

单击"收藏夹"选项卡的"添加"按钮,可以将右边窗口打开的当前主题保存到收藏夹。

1.2.3　任务实施

1. PLC 组态

(1) 新建项目

在 Portal 视图中,单击"创建新项目"选项,在弹出的界面中输入项目名称、路径和作者等信息,然后单击"创建"按钮,即可生成新项目。进入项目视图,在左侧的"项目树"中双击"添加新设备"选项,弹出"添加新设备"对话框,如图 1-2-7 所示,在此对话框中选择 CPU 的订货号和版本(必须与实际设备相匹配),然后单击"确定"按钮。

新建项目及组态

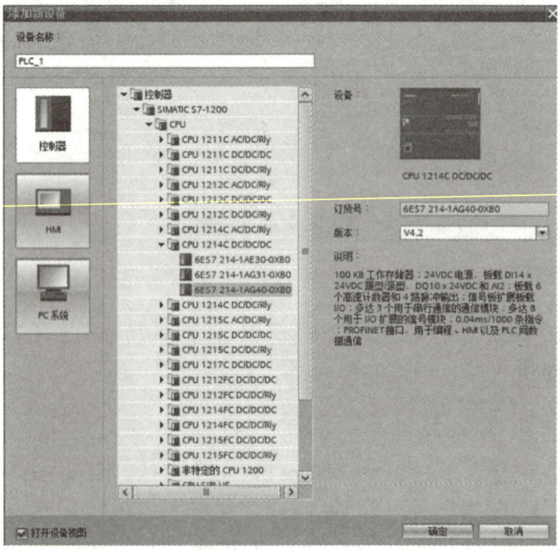

图 1-2-7　"添加新设备"对话框

(2) 设置 CPU 属性

在项目树中,单击"PLC_1[CPU 1214C DC/DC/DC]"下拉按钮,双击"设备组态"选项,在"设备视图"的工作区中,选中 PLC_1,依次单击其巡视窗格的"属性"→"常规"→"PROFINET 接口",在界面右侧的"以太网地址"选项组中,修改以太网 IP 地址,如图 1-2-8 所示。

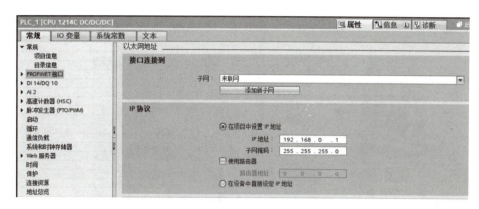

设置 CPU 属性

图 1-2-8 以太网 IP 地址设置

(3)创建 PLC 变量表

在项目树中,依次单击"PLC_1[CPU 1214C DC/DC/DC]"→"PLC 变量"选项,双击"添加新变量表"选项,并将新添加的变量表命名为"PLC 变量表",然后在"PLC 变量表"中新建变量,如图 1-2-9 所示。

创建 PLC 变量表

图 1-2-9 PLC 变量表

(4)编写 OB1 主程序

PLC 程序如图 1-2-10 所示。

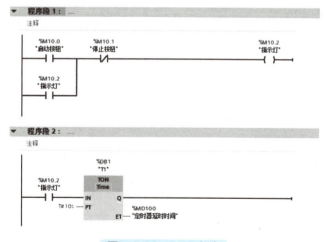

编写 OB1 主程序

图 1-2-10 PLC 程序

2. 触摸屏组态

（1）添加触摸屏

打开项目文件，进入项目视图，在左侧的项目树中，双击"添加新设备"选项，弹出"添加新设备"对话框，如图1-2-11所示，在此对话框中选择触摸屏的订货号和版本（必须与实际设备相匹配），然后单击"确定"按钮。

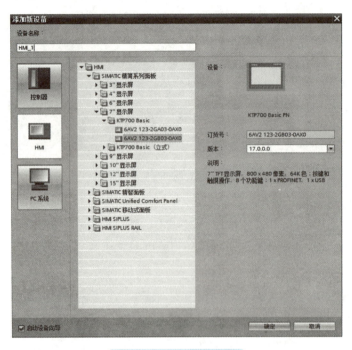

图1-2-11 添加新设备

在弹出的HMI设备向导中选择PLC，如图1-2-12所示，单击"浏览"按钮，选中需要连接的PLC，然后单击"完成"按钮，即可完成对触摸屏的组态。

组态触摸屏

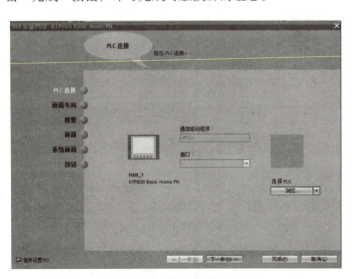

图1-2-12 组态触摸屏

（2）设置触摸屏属性

在项目树中，单击"HMI_1 [KTP700 Basic]"下拉按钮，双击"设备组态"选项，在"设备视图"的工作区中，选中 HMI_1，依次单击其巡视窗格的"属性"→"常规"→"PROFINET 接口 [X1]"，在界面右侧的"以太网地址"选项组中，修改以太网 IP 地址，如图 1-2-13 所示。

设置触摸屏属性

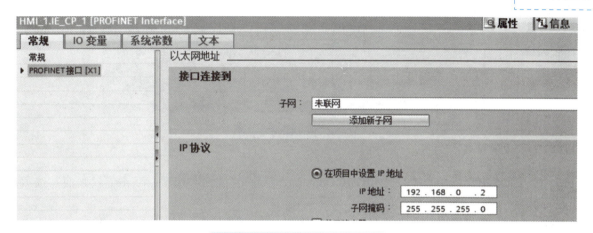

图 1-2-13　以太网 IP 地址设置

（3）创建网络连接

在项目树中，选择"设备和网络"选项，在网络视图中，单击"连接"按钮，在"连接"下拉列表中选择"HMI 连接"选项，用鼠标选中 PLC_1 的 PROFINET 通信口的绿色小方框，然后拖拽一条线到 HMI_1 的 PROFINET 通信口的绿色小方框，最后松开鼠标，连接就建立起来了。创建完成的网络连接如图 1-2-14 所示。

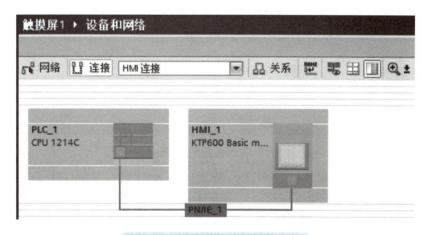

创建网络连接

图 1-2-14　创建完成的网络连接

（4）创建变量表

在项目树中，依次选择"HMI_1[KTP700 Basic PN]"→"HMI 变量"选项，双击"添加新变量表"选项。在弹出的变量表中，新建 HMI 变量的名称，连接"HMI_ 连接 _1"，并将其与对应 PLC 变量进行链接。建好的 HMI 变量表如图 1-2-15 所示。

创建 HMI 变量表

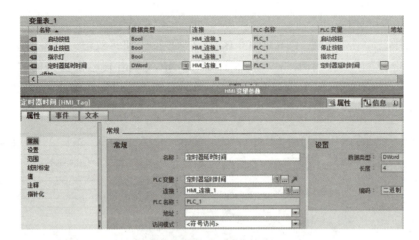

图 1-2-15　HMI 变量表

（5）画面制作

在项目树中，选择"HMI_1[KTP700 Basic PN]"→"画面"选项，双击"根画面"选项，进行画面制作。

1）组态"启动按钮"。在右侧的"工具箱"中找到"元素"→"按钮"，然后将"按钮"拖拽到工作区，如图 1-2-16 所示。在工作区中，选中"按钮"，依次单击"属性"→"常规"选项，修改标签文本为"启动按钮"，如图 1-2-17 所示。

组态启动按钮

图 1-2-16　添加启动按钮

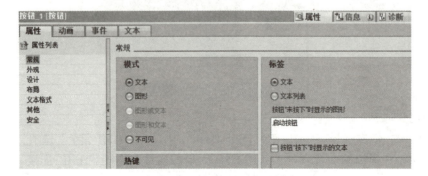

图 1-2-17　修改标签备注

执行"属性"→"事件"→"按下"命令,单击"添加函数"→"系统函数"→"编辑位"→"置位位",变量(输入/输出)链接 HMI 变量"启动按钮",如图 1-2-18 所示。

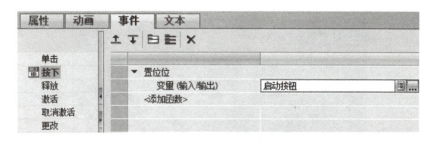

图 1-2-18　启动按钮"按下"事件

执行"属性"→"事件"→"释放"命令,单击"添加函数"→"系统函数"→"编辑位"→"置位位",变量(输入/输出)链接 HMI 变量"启动按钮",如图 1-2-19 所示。

图 1-2-19　启动按钮"释放"事件

2)组态"停止按钮"。再拖拽"按钮"到工作区,并修改标签文本为"停止按钮",如图 1-2-20 所示。

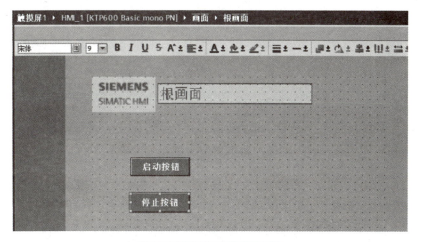

图 1-2-20　添加停止按钮

执行"属性"→"事件"→"按下"命令,单击"添加函数"→"系统函数"→"编辑位"→"置位位",变量(输入/输出)链接 HMI 变量"停止按钮",执行"属性"→"事件"→"释放"命令,单击"添加函数"→"系统函数"→"编辑位"→"置位位",变量(输入/输出)链接 HMI 变量"停止按钮",其设置过程与启动按钮相同。

3）组态"指示灯"。在右侧的工具箱中找到"基本对象"→"文本域"，然后将"文本域"拖拽到工作区。用同样的方法找到"基本对象"→"圆"，然后将"圆"拖拽到工作区，如图1-2-21所示。

组态指示灯

图1-2-21 添加指示灯

在工作区中，选中"文本域"，依次单击其"属性"→"常规"选项，修改文本为"指示灯"，在"外观"选项组中修改文本颜色为黑色，如图1-2-22所示。

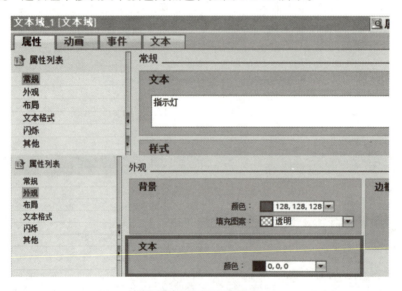

图1-2-22 文本属性

在工作区中，选中"圆"，依次单击其"属性"→"动画"→"显示"选项，双击"添加新动画"选项，选择"外观"，如图1-2-23所示，然后单击"确定"按钮。

图1-2-23 添加新动画

圆的外观参数配置中，变量链接 HMI 变量"指示灯"，类型选择"范围"，范围为 0 时设置背景色为白色，范围为 1 时设置背景色为其他颜色，边框颜色选择默认，闪烁选择"否"，如图 1-2-24 所示。

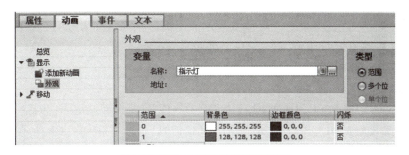

图 1-2-24　圆的外观参数配置

4）组态"时间设置"I/O 域。在工具箱中找到"基本对象"→"文本域"，然后将"文本域"拖拽到工作区。用同样的方法找到"元素"→"I/O 域"，然后将"I/O 域"拖拽到工作区，如图 1-2-25 所示。

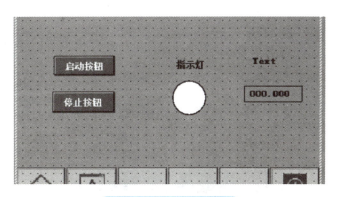

图 1-2-25　添加 I/O 域

组态时间 I/O 域

在工作区中，选中"文本域"，依次单击"属性"→"常规"选项，修改文本为"时间设定"。

在工作区中，选中"I/O 域"，依次单击"属性"→"常规"选项，"过程"选项组中的"变量"选择"定时器延时时间"，如图 1-2-26 所示。

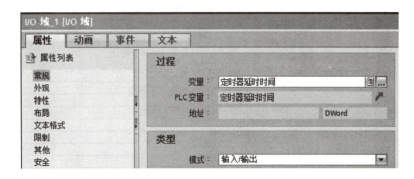

图 1-2-26　I/O 域属性

至此触摸屏画面制作完成，可以将其下载到触摸屏和 PLC 中进行测试。

编写完 PLC 和触摸屏程序后，在没有硬件设备的情况下，可以通过仿真软件验证 PLC 程序和触摸屏画面。博途仿真软件主要包括 PLC 仿真软件和触摸屏仿真软件。

3. 仿真调试

PLC 仿真软件是一个独立软件，需要安装才能使用，软件名称为 S7-PLCSIM。

（1）打开 PLC 项目

打开项目文件，进入项目视图。

（2）启动 PLC 仿真软件

在项目树中，选中"PLC_1[CPU 1214C DC/DC/DC]"，在菜单栏中选择"在线"→"仿真"→"启动"选项，如图 1-2-27 所示。打开 PLC 仿真软件，如图 1-2-28 所示。

图 1-2-27 打开仿真软件

图 1-2-28 启动 PLC 仿真软件

（3）将 PLC 程序下载到仿真软件中

依次选择菜单栏中的"在线"→"扩展的下载到设备"选项，并进行相关参数设置。PG/PC 接口选择"PLCSIM"。单击"开始搜索"按钮，选中搜索到的仿真的 PLC，如图 1-2-29 所示，然后单击"下载"按钮，PLC 程序就下载到 PLC 仿真软件中了。

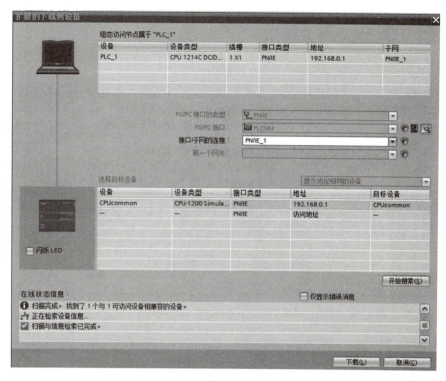

PLCSIM 下载

图 1-2-29 将 PLC 程序下载到仿真软件中

（4）程序在线监控

单击工具栏中的"在线监控"按钮，可以监控 PLC 程序的状态，如图 1-2-30 所示，操作方法和真实的 PLC 一致。

程序在线监控

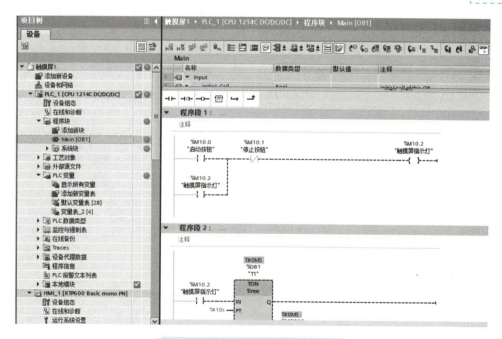

图 1-2-30 PLC 程序的在线监控

（5）启动触摸屏仿真软件

在项目树中，选择"HMI_1[KTP700 Basic PN]"选项，单击工具栏中的"启动仿真"按钮，如图 1-2-31 所示。

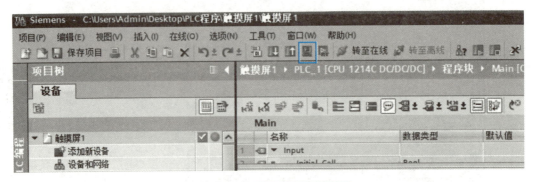

图 1-2-31 "启动仿真"按钮

打开触摸屏仿真软件，直接进入画面运行状态，如图 1-2-32 所示。仿真触摸屏与仿真 PLC 连接成功，按钮和参数设置等操作和真实设备一样。

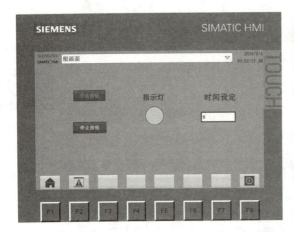
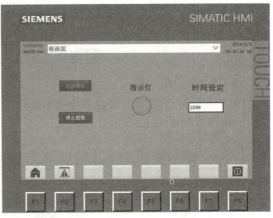

图 1-2-32 触摸屏仿真画面

注意事项：

① S7-PLCSIM 是一个单独安装的软件，在博途软件中与 STEP7 组合使用。

② 博途 STEP7 和 S7-PLCSIM 的版本必须一致。

③ 只有当 S7-1200 CPU 硬件版本为 4.0 或更高版本时，才能在 S7-PLCSIM 中进行仿真。

④ 触摸屏仿真软件已经被集成到博途 WinCC 中，因此不需要独立安装。

⑤ 仿真的 PLC 和仿真的触摸屏可以通信。如果不能通信，那么可能需要在控制面板中修改 PG/PC 的设置。

1.2.4 任务总结

1）在项目视图中创建新项目，只需选择"项目"→"新建"命令，"创建新项目"对话框随即弹出，之后的创建过程与 Portal 视图中创建新项目一致。

2）S7-1200 PLC 自动化系统需要对各硬件进行组态、参数配置和通信互联。项目中的组态要与实际连接一致，系统启动时，CPU 会自动监测软件的预设组态与系统的实际组态是否一致，如果不一致会报错。

3）PLCSIM 是 PLC 的仿真软件，可以对 CPU 的程序进行仿真测试，该仿真测试不受实际硬件型号的限制。要求 PLCSIM 软件版本和已安装的 TIA 博途软件版本匹配才可以实现仿真功能，PLCSIM V17 SP1 与 TIA PORTAL V17 SP1 配套使用，用于仿真 S7-1200 PLC/S7-1500 PLC。

1.2.5 任务训练

1. 建立一个有 10 个布尔量的 UDT 数据类型，在数据块中使用这个数据类型时占用的数据空间是（　　）。

A. 1 个字节　　　　B. 2 个字节
C. 3 个字节　　　　D. 4 个字节

2. HMI 的内部变量和外部变量各有什么特点？
3. 选中按钮的巡视窗口的"属性"→"事件"→"按下"选项是什么操作的简称？
4. 新建一个项目，添加一个 PLC 和一个 HMI 设备，在它们之间建立 HMI 连接。
5. 简述 S7-1200 PLC 与 HMI 的集成仿真的方法。

1.2.6 任务评价

请根据自己在本次任务中的实际表现进行评价，见表 1-2-1。

表 1-2-1　任务评价表

项目	评分标准	分值	得分
接受工作任务	明确工作任务	5	
信息收集	博途软件和触摸屏相关知识及操作要点	15	
制定计划	工作计划合理可行，人员分工明确	10	
计划实施	能够了解 WinCC 工具箱的对象操作	20	
	能够根据任务要求编写 PLC 程序	10	
	能够熟练完成触摸屏属性和画面操作	10	
	能够使用 S7-PLCSIM 对任务进行仿真	20	
质量检查	按照要求完成相应任务	5	
评价反馈	经验总结到位，合理评价	5	
得分（满分 100）			

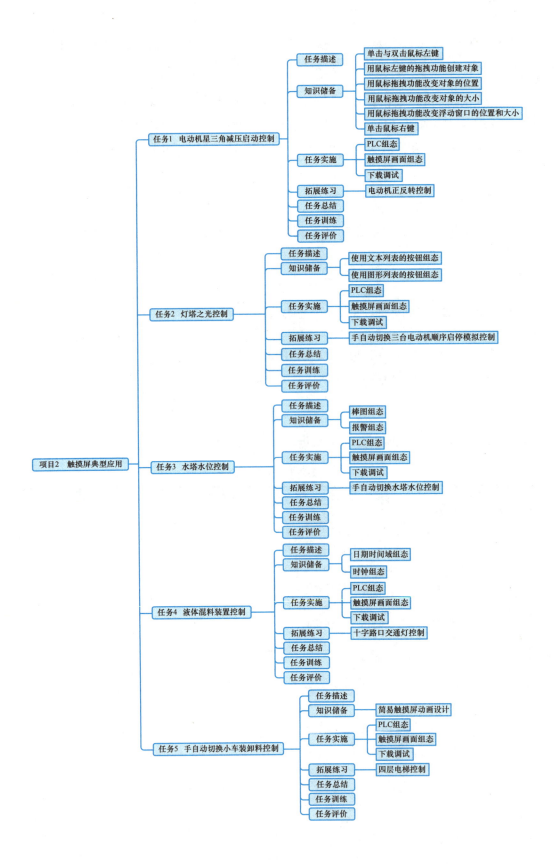

项目 2 触摸屏典型应用

利用触摸屏对工业控制过程进行调试，既可以节约硬件成本，又能更加直观地观察输入、输出的状态变化，目前在工业自动化控制领域中应用很广泛。本项目将结合电动机星三角减压启动控制、灯塔之光控制、水塔水位控制、液体混料装置控制、手自动切换小车装卸料控制等工业应用，学习触摸屏画面组态、PLC 程序设计及仿真调试等。

任务 1　电动机星三角减压启动控制

学习目的：
1. 掌握 PLC 定时器指令的使用；
2. 掌握 HMI 的 I/O 域的设置和使用；
3. 掌握 HMI 中图形动画效果的组态；
4. 掌握 HMI 变量与 PLC 变量的联机调试；
5. 能够排查 PLC 程序或触摸屏画面故障。

2.1.1　任务描述

电动机星三角减压启动控制如图 2-1-1 所示。在触摸屏上制作启动按钮、停止按钮、接触器指示灯，并进行定时器延时时间设置。在触摸屏上设置好延时时间，按下触摸屏启动按钮，电动机进入星形启动（KM1 和 KM3 得电），触摸屏 KM1、KM3 指示灯点亮，同时开始启动延时，延时时间到进入三角形全压运行（KM1 和 KM2 得电），触摸屏 KM1、KM2 指示灯点亮。按下触摸屏停止按钮，电动机停止运行，指示灯熄灭。

本任务使用的硬件主要有：
1) CPU 1214C DC/DC/DC，一台，订货号：6ES7 214-1AG40 0XB0。
2) HMI，一台，型号：KTP700 Basic，订货号：6AV2 123-2GB03-0AX0。
3) 编程计算机，一台，已安装博途专业版软件。
4) 四口工业交换机，一台。

电动机星三角减压启动控制

2.1.2　知识储备

WinCC 具有"所见即所得"的功能，用户可以在屏幕上看到画面设计的结果，屏幕上显示的画面与实际的人机界面显示的画面一样。鼠标是使用组态软件时最重要的工具，画面的组态

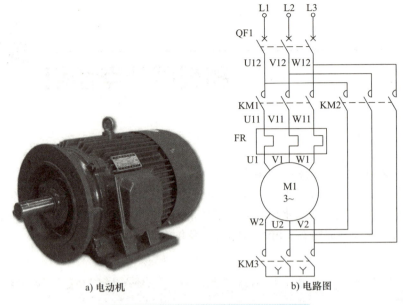

a) 电动机　　　　b) 电路图

图 2-1-1　电动机星三角减压启动控制

主要是用鼠标操作来完成的。用户用鼠标生成画面设计工作区中的元件，可以用鼠标将元件拖拽到画面上的任意位置，或者改变元件的外形和大小。

1. 单击与双击鼠标左键

单击鼠标左键是使用得最多的鼠标操作，见表 2-1-1，简称为"单击"。单击常用来激活（选中）某一对象、执行菜单命令或拖拽等操作。

表 2-1-1　鼠标常见的操作

功　　能	作　　用
单击鼠标左键	激活任意对象，或者执行菜单命令和拖拽等操作
双击鼠标左键	在项目树或对象视图中启动编辑器，或者打开文件夹
单击鼠标右键	打开右键快捷菜单
\<Shift\>+ 单击	同时逐个选中若干单个对象

例如，单击画面中的按钮后，会在按钮的四角和矩形各边的中点出现 8 个小的空心正方形，如图 2-1-2 所示，表示该元件被选中，可以做进一步的操作，如删除、复制和剪切。

连续快速地用鼠标左键两次单击同一个对象（即双击），将执行该对象对应的功能，例如双击项目树"程序块"文件夹中的"MAIN[OB1]"时，将会打开程序编辑器和主程序。

2. 用鼠标左键的拖拽功能创建对象

使用鼠标的拖拽功能可以简化组态工作，常用于移动对象或调整对象的大小。拖拽功能可以用于任务卡和对象视图中的对象。将工具箱中的"按钮"对象拖拽到画面编辑器的操作过程如下：

用鼠标左键单击选中工具箱中的"按钮"，按住鼠标左键不放，同时移动鼠标，矩形的按钮图形跟随鼠标的光标"禁止放置"一起移动，移动到画面工作区时，鼠标的光标变为"可以放置"。

在画面中的适当位置放开鼠标的左键,该按钮对象便被放置到画面中当时所在的位置。放置的对象四周有 8 个小正方形,表示该对象处于被选中的状态。

3. 用鼠标拖拽功能改变对象的位置

用鼠标左键单击图 2-1-2 左边的"启动"按钮,并按住鼠标左键不放,按钮四周出现 8 个小正方形,同时鼠标的光标变为图中按钮方框上的十字箭头图形,按住左键并移动鼠标,将选中的对象拖到希望并允许放置的位置,如图 2-1-3 所示。同时出现的"x/y"是按钮新的位置的坐标值,"w/h"是按钮的宽度和高度值。松开鼠标左键,对象被放在当前的位置。

鼠标操作(1)

图 2-1-2 对象的选中

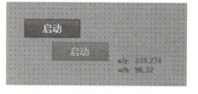

图 2-1-3 对象的移动

鼠标操作(2)

4. 用鼠标拖拽功能改变对象的大小

用鼠标左键单击图 2-1-4 中的"启动"按钮,按钮四周出现 8 个小正方形,用鼠标左键选中某个角的小正方形,鼠标的箭头变为 45°的双向箭头,按住左键并移动鼠标,可以同时改变按钮的长度和宽度。将选中的对象拖到希望的大小。松开左键,按钮被扩大或缩小为图 2-1-4 所示的大小。

图 2-1-4 对象的缩放

用鼠标左键选中按钮四条边中点的某个小正方形,鼠标的光标变为水平或垂直的双向箭头,按住左键并移动鼠标,将选中的按钮沿水平方向或垂直方向拖到希望的大小后松开左键,按钮将被进行缩放。

5. 用鼠标拖拽功能改变浮动窗口的位置和大小

单击工作区右上角的"浮动"按钮,工作区窗口浮动。此时用鼠标左键单击并按住窗口最上面的标题栏,可以将窗口拖拽到需要的位置。

将光标放在浮动的窗口的某个角上,光标变为 45°的双向箭头,此时用拖拽功能可以同时改变窗口的宽度和高度。将光标放在浮动的窗口的某条边上,光标变为水平或垂直的双向箭头。按住左键并移动鼠标,可调节窗口的宽度或高度。单击工作区右上角的"嵌入"按钮,工作区将恢复原状。

6. 单击鼠标右键

在 WinCC 中,用鼠标右键单击任意对象,可以打开与对象有关的右键快捷菜单,使操作更为简单方便。右键快捷菜单列出了与单击的对象有关的最常用的命令。

2.1.3 任务实施

1. PLC 组态

PLC 的硬件组态和 IP 地址设置等内容与前述任务相同,在此不再赘述。

(1)创建 PLC 变量表

在"项目树"中,依次单击"PLC_1[CPU 1214C DC/DC/DC]"→"PLC 变量"选项,双

击“添加新变量表”选项，并将新添加的变量表命名为“PLC 变量表”，然后在“PLC 变量表”中新建变量，如图 2-1-5 所示。

变量表_1

	名称	数据类型	地址	保持	可从 ...	从 H...	在 H...
1	启动按钮	Bool	%M10.0	☐	☑	☑	☑
2	停止按钮	Bool	%M10.1	☐	☑	☑	☑
3	KM1指示灯	Bool	%Q0.1	☐	☑	☑	☑
4	KM2指示灯	Bool	%Q0.2	☐	☑	☑	☑
5	KM3指示灯	Bool	%Q0.3	☐	☑	☑	☑
6	延时时间设置	DWord	%MD100	☐	☑	☑	☑
7	<添加>			☐	☑	☑	☑

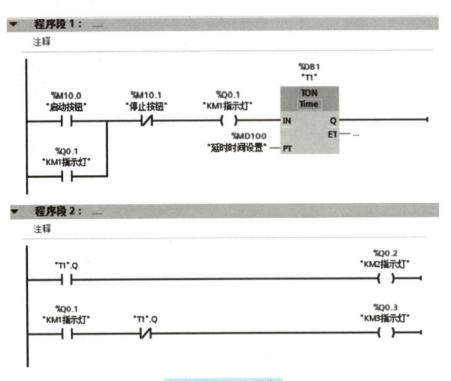

图 2-1-5 PLC 变量表

（2）编写 OB1 主程序

主程序如图 2-1-6 所示。

图 2-1-6 PLC 程序

2. 触摸屏画面组态

添加触摸屏、触摸屏属性设置、创建网络连接的过程与项目 1 相同，在此不再赘述。

（1）创建变量表

在“项目树”中，依次选择“HMI_1[KTP700 Basic]”→“HMI 变量”选项，双击“添加新变量表”选项。在弹出的变量表中，新建 HMI 变量的名称，连接“HMI_ 连接 _1”，并将其与对应 PLC 变量进行链接。建好的 HMI 变量表如图 2-1-7 所示。

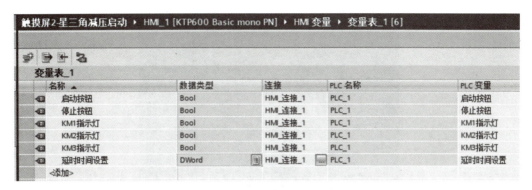

图 2-1-7　HMI 变量表

（2）画面制作

在项目树中，选择"HMI_1[KTP700 Basic PN]"→"画面"选项，双击"根画面"选项，进行画面制作。

1）组态按钮。在右侧的"工具箱"中找到"元素"→"按钮"，然后将"按钮"拖拽到工作区。在工作区中，选中"按钮"，依次单击其巡视窗格的"属性"→"常规"选项，修改标签文本为"启动按钮"。设置按钮"属性"→"事件"→"按下"命令，单击"添加函数"→"系统函数"→"编辑位"→"置位位"，变量（输入/输出）链接 HMI 变量"启动按钮"。单击"释放"命令，单击"添加函数"→"系统函数"→"编辑位"→"复位位"，变量（输入/输出）仍然链接 HMI 变量"启动按钮"。用相同的方式可以对停止按钮进行参数配置，如图 2-1-8 所示。

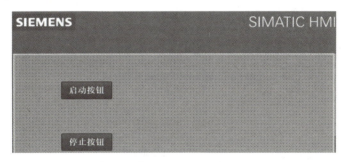

图 2-1-8　组态按钮

2）组态指示灯。在右侧的"工具箱"中找到"基本对象"→"文本域"，然后将"文本域"拖拽到工作区。用同样的方法找到"基本对象"→"圆"，然后将"圆"拖拽到工作区。在工作区中，选中"文本域"，依次单击其巡视窗格的"属性"→"常规"选项，分别修改文本为"KM1 指示灯""KM2 指示灯""KM3 指示灯"，如图 2-1-9 所示。

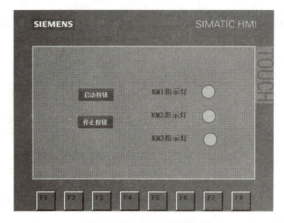

图 2-1-9　组态指示灯

在工作区中，选中"圆"，依次单击其巡视窗格的"属性"→"动画"→"显示"选项，双击"添加新动画"选项，选择"外观"，变量链接 HMI 变量"KM1 指示灯"，类型选择"范围"，范围为 0 时设置背景色为白色，范围为 1 时设置背景色为其他颜色，边框颜色选择默认，闪烁选择"否"，如图 2-1-10 所示。

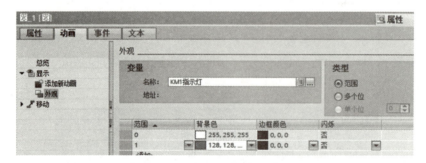

图 2-1-10　指示灯的外观设置

3）组态 I/O 域。在右侧的"工具箱"中找到"基本对象"→"文本域"，然后将"文本域"拖拽到工作区。用同样的方法找到"元素"→"I/O 域"，然后将"I/O 域"拖拽到工作区，如图 2-1-11 所示。

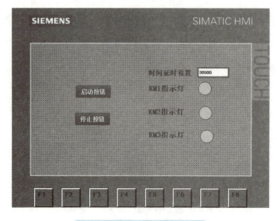

图 2-1-11　添加 I/O 域

在工作区中，选中"I/O 域"，依次单击"属性"→"常规"选项，"过程"选项组中的"变量"选项，将变量链接到 HMI 变量表中的"延时时间设置"，如图 2-1-12 所示。

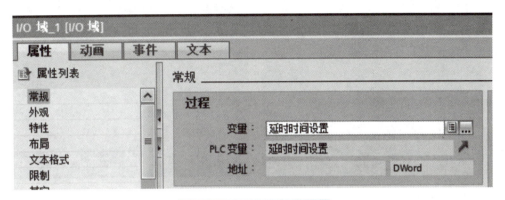

图 2-1-12　I/O 域属性设置

至此触摸屏画面制作完成，可以将其下载到触摸屏和 PLC 中进行测试。

3. 下载调试

将编写好的 PLC 程序下载到 PLCSIM 中，并打开 WinCC 的触摸屏仿真画面，上述过程与项目 1 一致，在此不再赘述。

（1）设置延时时间

电动机触摸屏画面如图 2-1-13a 所示，仿真开始，单击触摸屏画面中的 I/O 域，显示设置时间的键盘，如图 2-1-13b 所示，在此输入延时时间，比如要延时 5s，则输入"5000"，单击"回车"键确认。

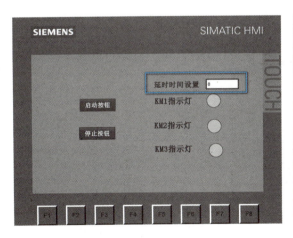
a)

b)

图 2-1-13　延时时间设置

（2）仿真调试

按下触摸屏上的"启动按钮"，此时 KM1 和 KM3 指示灯亮，代表电动机进入星形启动阶段，如图 2-1-14 所示。等待 5s 后，KM1 和 KM2 指示灯亮，代表电动机进入三角形全压运行阶段，如图 2-1-15 所示。按下触摸屏上的"停止按钮"，指示灯熄灭，代表电动机停止运行。

工控网络与组态技术

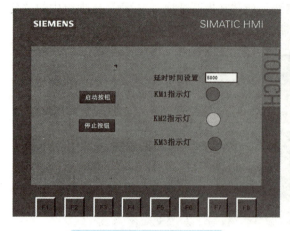

图 2-1-14　运行调试（一）

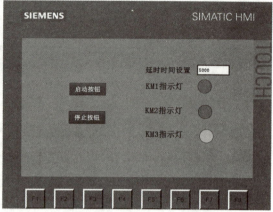

图 2-1-15　运行调试（二）

2.1.4　拓展练习

电动机正反转在行车、电刨床、台钻、车床中广泛应用，原理图如图 2-1-16 所示。在该控制电路中，KM1 为正转交流接触器，KM2 为反转交流接触器，SB1 为停止按钮，SB2 为正转控制按钮，SB3 为反转控制按钮。电路带有电气互锁和按钮互锁，采用正 - 停 - 反或正 - 反 - 停的工作方式在正转与反转中切换，可避免误操作等引起的电源短路故障。请利用 S7-1200 PLC 与触摸屏联合调试来模拟演示这一过程（触摸屏画面自行设计）。

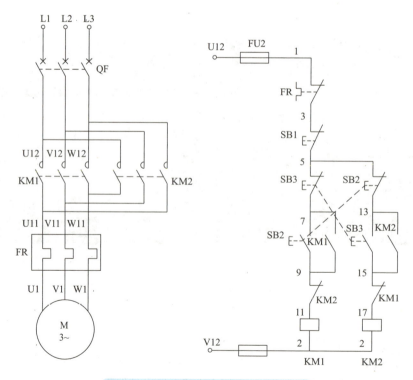

图 2-1-16　电动机正反转电气原理图

2.1.5 任务总结

1）电动机星三角减压启动时先采用星形联结，使得电动机相电压为 220V，这样可减少系统负荷防止过载，电动机起动后，改成三角形联结，使得相电压为 380V，进行正常运转，这样可有效保护电动机以及电路系统，防止电流过载，不容易烧毁电动机。

2）在创建项目之前，应根据系统的要求，规划需要创建哪些元素组态、每个元素的功能以及与变量之间的关系。

2.1.6 任务训练

1. 生成两个按钮和一个红色指示灯，一个按钮令灯点亮并保持，另一个按钮令灯熄灭。通过仿真验证组态的结果。

2. 用显示图形"Right_Arrow"的按钮将 Int 型变量"变量1"减 1，用显示图形"Left_Arrow"的按钮将"变量1"加 1，组态输出域显示"变量1"的值。通过仿真验证组态的结果。

3. 用输入域将 5 位整数输入给整型变量"变量2"，用输出域显示"变量2"的值，格式为 3 位整数和 2 位小数。通过仿真验证组态的结果。

4. 在 HMI 的默认变量表中创建可以保存 8 个字符的字符型内部变量"变量3"，用输出域显示"变量3"，用按钮将汉字"精智面板"写入"变量3"。通过仿真验证组态的结果。

5. 用图形列表和工具箱"图形"对象的"\WinCC 图形文件 \Unifiedand Modular\Blowers"文件夹中的 4 个红色的风扇图形实现风扇旋转的动画。

2.1.7 任务评价

请根据自己在本任务中的实际表现进行评价，见表 2-1-2。

表 2-1-2 任务评价表

项目	评分标准	分值	得分
接受工作任务	明确工作任务	5	
信息收集	博途软件和触摸屏相关知识及操作要点	15	
制定计划	工作计划合理可行，人员分工明确	10	
计划实施	能够用鼠标熟练操作工具箱中的对象	20	
	能够根据任务要求编写 PLC 程序	10	
	能够熟练完成触摸屏属性和画面操作	10	
	能够使用 S7-PLCSIM 对任务进行仿真	20	
质量检查	按照要求完成相应任务	5	
评价反馈	经验总结到位，合理评价	5	
得分（满分 100）			

任务 2　灯塔之光控制

> **学习目的：**
> 1. 掌握触摸屏图形视图的组态；
> 2. 掌握西门子 PLC 计数器指令；
> 3. 巩固 HMI 的 I/O 域、按钮设置方法；
> 4. 能够排查 PLC 程序或屏画面故障。

2.2.1　任务描述

在触摸屏上制作启动按钮、停止按钮、灯塔指示灯。在触摸屏上设置延时时间（T1~T5）、循环计数值、循环次数。按下触摸屏启动按钮，灯开始循环闪烁，循环控制过程如图 2-2-1 所示。触摸屏上显示当前的循环次数，当循环次数达到循环计数值的设定值后，灯自动熄灭。按下触摸屏停止按钮，灯熄灭。

灯塔之光控制

图 2-2-1　灯塔之光循环控制过程

本任务使用的硬件主要有：
1）CPU 1214C DC/DC/DC，一台，订货号：6ES7 214-1AG40 0XB0。
2）HMI，一台，型号：KTP700 Basic，订货号：6AV2 123-2GB03-0AX0。
3）编程计算机，一台，已安装博途专业版软件。
4）四口工业交换机，一台。

2.2.2　知识储备

使用按钮可以完成各种任务。选择按钮的巡视窗格的"属性"→"常规"，可以设置按钮的模式为"文本""图形"或"不可见"等，如图 2-2-2 所示。在任务 1 已经学习了用 Bool 变量（开关量）组态"文本"模式的按钮，下面学习按钮其他模式的组态。

图 2-2-2　按钮组态

38

1. 使用文本列表的按钮组态

在 PLC 的默认变量表中创建 Bool 变量"位变量 1"（M10.0）和"位变量 2"（M10.1）。单击项目树的"HMI_1"下拉菜单中的"文本和图形列表",创建一个名为"按钮文本"的文本列表,如图 2-2-3 所示。它的两个条目的文本分别为"启动"和"停止"。生成一个按钮,用鼠标调节按钮的位置和大小。按钮下方新建文本域"使用文本列表"。选中按钮,选择巡视窗格"属性"→"属性"→"常规",设置按钮的模式为"文本",如图 2-2-4 所示。选中右侧"标签"域"文本列表"单选按钮,单击"文本列表"选择框右侧的按钮,双击选中选项组"按钮文本"项,返回巡视窗格。

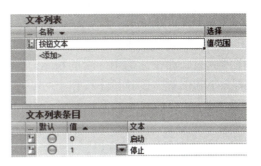

图 2-2-3 文本列表编辑器

图 2-2-4 使用文本列表的按钮组态

在右侧"过程"域设置连接的变量为"位变量 2"（M10.1）,则该按钮的文本由位变量 2 来控制。位变量 2 的值为 0 和 1 时,按钮上的文本分别为文本列表"按钮文本"中的"启动"和"停止"。选择巡视窗格"属性"→"事件"→"单击",如图 2-2-5 所示。单击视图右侧区域的表格最上面一行,再单击右侧出现的按钮,在出现的"系统函数"列表中选择"编辑位"文件夹中的函数"取反位",将 PLC 变量"位变量 2"取反（0 变为 1 或 1 变为 0）。即单击按钮,其链接变量"位变量 2"值取反,相应地按钮上的文本也随之改变。这种按钮是"返回信息的元件"。

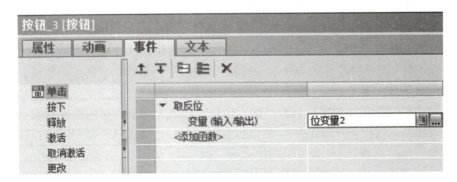

图 2-2-5 按钮的事件功能组态

打开"库"→"全局库"→Buttons-and-Switches→PilotLights文件夹，如图2-2-6所示，将其中的"PlotLight_Round_G"（绿色圆形指示灯）拖拽到根画面中。选中生成的指示灯，适当调节它的大小和位置，使其位于按钮上方。单击巡视窗格"属性"→"属性"→"常规"，设置指示灯连接的变量为PLC中的变量"位变量2"，模式为"双状态"，其他参数采用默认设置，则指示灯亮灭可用于显示"位变量2"取值。

2. 使用图形列表的按钮组态

准备两个图形用于显示按钮"ON"和"OFF"两种状态。双击项目树的"HMI_1"文件夹中的"文本和图形列表"，打开图形列表编辑器，在"图形列表"选项卡中创建一个名为"开关"的图形列表，如图2-2-7所示。

图2-2-6 全局库的元素视图

生成图形列表的条目

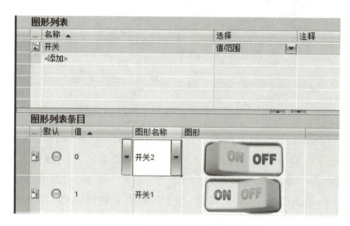

图2-2-7 生成图形列表的条目

单击"图形列表条目"中的第1行，生成一个新的条目，默认的条目值为0，单击"图形名称"列右侧隐藏的按钮，打开图形对象列表对话框，单击左下角的"从文件创建新图形"按钮，在弹出的"打开"对话框中，双击预先保存的图形文件"开关2"，在图形对象列表中增加名为"开关OFF"的图形对象，同时返回图形列表编辑器。这样在图形列表"开关"的第1行中生成了值为0的条目"开关OFF"，条目的"图形"列是该条目的图形预览。用同样的方法生成第2行的条目"开关ON"。

将工具箱中的"按钮"对象拖拽到画面工作区，用鼠标调节按钮的位置和大小，置于使用文本列表的按钮旁。按钮下方新建文本域"使用图形列表"。单击选中按钮，选择巡视窗格"属性"→"属性"→"常规"，设置按钮的模式为"图形"，如图2-2-8所示。选中"图形"域中的"图形列表"单选按钮，单击"图形列表"选择框右侧的按钮，双击选中"开关"项，返回按钮的巡视窗格。

图 2-2-8 按钮的常规属性组态

在"过程"域设置连接的 PLC 变量为"位变量 1"（M10.0），则该按钮的外形由位变量 1 来控制。位变量 1 的值为 0 和 1 时，按钮的外形分别为图形列表"开关"中的条目"开关 ON"和"开关 OFF"的图形。选择巡视窗格"属性"→"事件"→"单击"，如图 2-2-9 所示，单击右侧区域的表格最上面一行，再单击右侧出现的按钮，在出现的系统函数列表中，选择"编辑位"文件夹中的函数"取反位"，将 PLC 变量"位变量 1"取反（0 变为 1 或 1 变为 0）。即单击按钮，其链接变量"位变量 1"值取反，相应地按钮上的文本也随之改变。

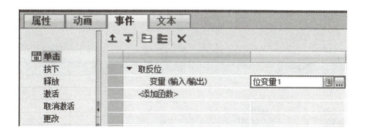

图 2-2-9 按钮的事件功能组态

使用图形列表的按钮组态

同样，将全局库中的"PlotLight_Round_R"拖放到按钮上面，生成一个红色的指示灯。选中生成的指示灯，单击巡视窗格"属性"→"属性"→"常规"，设置连接的变量为 PLC 变量"位变量 1"（M10.0）。其他参数采用默认设置。

选中项目树中的"PLC_1"，单击工具栏的"开始仿真"按钮，启动 S7-PLCSIM，将程序下载到仿真 PLC，将 CPU 切换到 RUN-P 模式。选中项目树中的"HMI_1"，单击工具栏的"开始仿真"按钮，编译成功后，出现仿真面板。

单击一次文本域"使用文本列表"上面的按钮，按钮上的文本变为"停止"，如图 2-2-10 所示，按钮上面的指示灯亮，表示位变量 2 变为 1。再单击一次该按钮，按钮上的文本变为"启动"，指示灯熄灭，位变量 2 变为 0。单击图 2-2-10 的文本域"使用图形列表"上面的按钮，按钮由 OFF 切换成 ON，按钮面的指示灯亮，表示位变量 1 变为 1。再单击一次该按钮，按钮位置恢复原状，指示灯熄灭，位变量 1 变为 0。

图 2-2-10 按钮仿真

2.2.3 任务实施

1. PLC 组态

PLC 的硬件组态和 IP 地址设置等内容同前,在此不再赘述。

(1)创建 PLC 变量表

在"项目树"中,依次单击"PLC_1[CPU 1214C DC/DC/DC]"→"PLC 变量"选项,双击"添加新变量表"选项,并将新添加的变量表命名为"PLC 变量表",然后在"PLC 变量表"中新建变量,如图 2-2-11 所示。

	名称	数据类型	地址	保持	可从…	从 H…	在 H…
1	启动按钮	Bool	%M10.0		✓	✓	✓
2	停止按钮	Bool	%M10.1		✓	✓	✓
3	辅助存储器	Bool	%M10.2		✓	✓	✓
4	灯L1	Bool	%Q0.1		✓	✓	✓
5	灯L2	Bool	%Q0.2		✓	✓	✓
6	灯L3	Bool	%Q0.3		✓	✓	✓
7	灯L4	Bool	%Q0.4		✓	✓	✓
8	延时时间设置	DWord	%MD100		✓	✓	✓
9	循环计数值	Int	%MW104		✓	✓	✓
10	循环次数	DWord	%MD108		✓	✓	✓

图 2-2-11 PLC 变量表

(2)编写 OB1 主程序

主程序如图 2-2-12 所示。

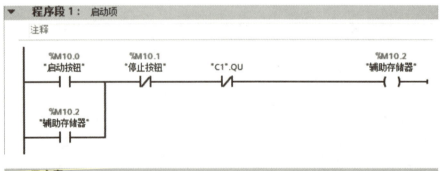

图 2-2-12 PLC 程序

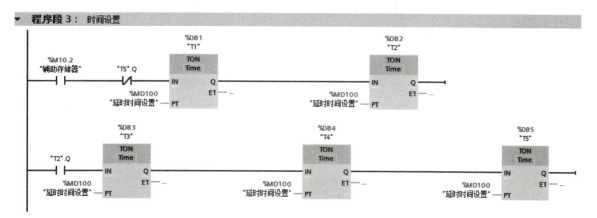

图 2-2-12　PLC 程序（续）

2. 触摸屏画面组态

添加触摸屏，选择 KTP700 Basic 彩色触摸屏，订货号：6AV2 123-2GB03-0AX0，如图 2-2-13 所示。

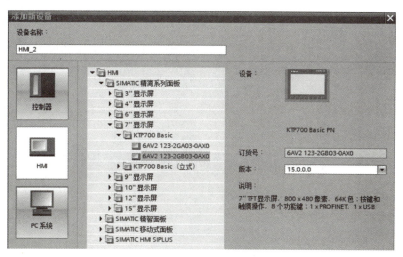

图 2-2-13　添加触摸屏

触摸屏属性设置、创建网络连接的过程同前，在此不再赘述。

（1）创建变量表

在“项目树”中，依次选择“HMI_1[KTP700 Basic]”→“HMI 变量”选项，双击“添加新变量表”选项。在弹出的变量表中，新建 HMI 变量的名称，连接“HMI_ 连接 _1”，并将其与对应 PLC 变量进行链接。建好的 HMI 变量表如图 2-2-14 所示。

变量表_1

名称	数据类型	连接	PLC 名称	PLC 变量
启动按钮	Bool	HMI_连接_1	PLC_1	启动按钮
停止按钮	Bool	HMI_连接_1	PLC_1	停止按钮
灯L1	Bool	HMI_连接_1	PLC_1	灯L1
灯L2	Bool	HMI_连接_1	PLC_1	灯L2
灯L3	Bool	HMI_连接_1	PLC_1	灯L3
灯L4	Bool	HMI_连接_1	PLC_1	灯L4
延时时间设置	DWord	HMI_连接_1	PLC_1	延时时间设置
循环次数设置	Int	HMI_连接_1	PLC_1	循环计数值
循环计数次数	DWord	HMI_连接_1	PLC_1	循环次数

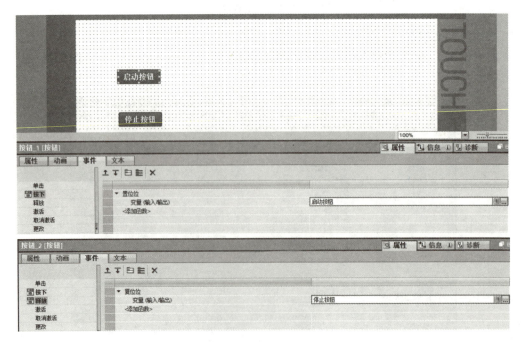

图 2-2-14　HMI 变量表

在“项目树”中，选择“HMI_1[KTP700 Basic]”→“画面”选项，双击“根画面”选项，进入画面制作视图。

（2）组态按钮

在右侧的“工具箱”中找到“元素”→“按钮”，然后将“按钮”拖拽到工作区。在工作区中，选中“按钮”，依次单击其巡视窗格的“属性”→“常规”选项，修改标签文本为“启动按钮”。设置按钮“属性”→“事件”→“按下”命令，单击“添加函数”→“系统函数”→“编辑位”→“置位位”，变量（输入 / 输出）链接 HMI 变量“启动按钮”。单击“释放”命令，单击“添加函数”→“系统函数”→“编辑位”→“复位位”，变量（输入 / 输出）仍然链接 HMI 变量“启动按钮”。用相同的方式可以对停止按钮进行参数配置，如图 2-2-15 所示。

图 2-2-15　组态按钮

(3)组态图形视图

在右侧的"工具箱"中找到"基本对象"→"图形视图",然后将"图形视图"拖拽到画面工作区,如图2-2-16所示。

 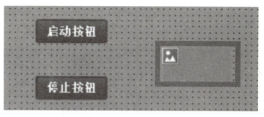

图 2-2-16　组态图形视图

选择"属性"→"常规"选项,单击"从文件创建新图形"选项,找到计算机上的图形文件,选中添加到画面中,如图2-2-17所示。

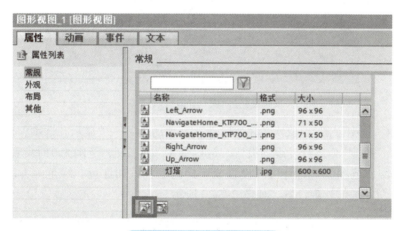

图 2-2-17　添加图形文件

添加后的画面如图2-2-18所示。

图 2-2-18　添加图形视图

（4）组态指示灯

在右侧的"工具箱"中找到"基本对象"→"文本域",将"文本域"拖拽到工作区。找到"基本对象"→"圆",将"圆"拖拽到工作区。在工作区中,选中"文本域",依次单击其巡视窗格的"属性"→"常规"选项,分别修改文本为"灯L1""灯L2""灯L3""灯L4",如图2-2-19所示。

图2-2-19 组态指示灯

在工作区中,选中"圆",依次单击"属性"→"动画"→"显示"选项,双击"添加新动画"选项,选择"外观",进行外观的设置。链接变量"灯L1",范围为0时设置背景色为灰色,KTP700是彩色屏,范围为1时灯可以设置成不同的颜色,如红色、绿色等,用相同的方式可以将灯L2、L3、L4进行外观设置,如图2-2-20所示。

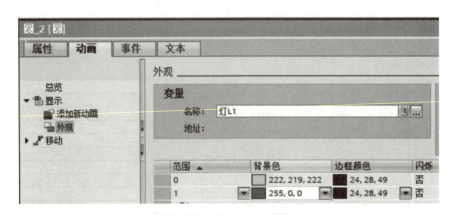

图2-2-20 指示灯的外观设置

（5）组态I/O域

在右侧的"工具箱"中找到"基本对象"→"文本域",然后将"文本域"拖拽到工作区,分别将文本修改为"延时时间设置""计数次数设置""循环计数次数"。在工具箱窗格中选择"元素"→"I/O域",然后将"I/O域"拖拽到工作区,分别放置在"延时时间设置""计数次数设置""循环计数次数",如图2-2-21所示。

图 2-2-21 添加 I/O 域

在工作区中,选中"I/O 域",依次单击"属性"→"常规"选项,将注释文本域为延时时间设置的 I/O 域"过程"选项组中的"变量"链接为 HMI 变量的"延时时间设置",将注释文本域为计数次数设置的 I/O 域"过程"选项组中的"变量"链接为 HMI 变量的"计数次数设置",将注释文本域为循环计数次数的 I/O 域"过程"选项组中的"变量"链接为 HMI 变量的"循环计数次数"。

至此触摸屏画面制作完成,可以将其下载到触摸屏和 PLC 中进行测试。

3. 下载调试

将编写好的 PLC 程序下载到 PLCSIM 中,并打开 WinCC 的触摸屏仿真画面,如图 2-2-22 所示。

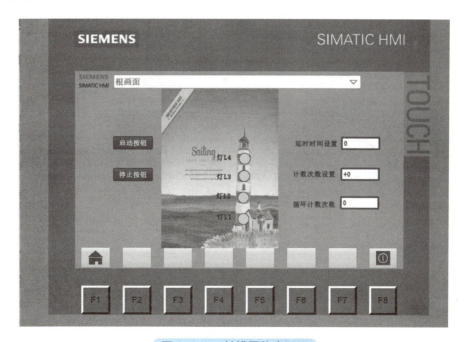

图 2-2-22 触摸屏仿真画面

（1）设置 I/O 域参数

设置延时时间、计数次数，如图 2-2-23 所示。

（2）仿真调试

按下触摸屏"启动按钮"，此时灯塔指示灯顺次点亮，如图 2-2-24 所示。一遍循环结束后，循环计数次数显示"1"，如图 2-2-25 所示。循环三遍后自动停止。中间过程按下触摸屏"停止按钮"，指示灯熄灭。

图 2-2-23　I/O 域参数设置

图 2-2-24　运行调试（一）

图 2-2-25　运行调试（二）

2.2.4　拓展练习

工业生产中常常会有需要设备顺序启停的过程，图 2-2-26 所示为三台电动机顺序启停主电路。请将前文所学内容进行综合和拓展，实现手自动切换三台电动机顺序启停模拟控制，具体任务要求如下：

① 手动模式：切换手自动按钮为手动，按下 M1 启动按钮，M1 启动；按下 M2 启动按钮，M2 启动；按下 M3 启动按钮，M3 启动。

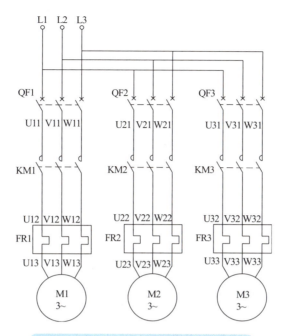

图 2-2-26 三台电动机顺序启停主电路

按下停止按钮，M3 立即停止，3s 后 M2 停止，6s 后 M1 停止。

② 自动模式：切换手自动按钮为自动，按下启动按钮 M1 自动启动，5s 后 M2 启动，5s 后 M3 启动。

按下停止按钮，M3 立即停止，5s 后 M2 停止，5s 后 M1 停止。

③ 触摸屏画面自行设计。

2.2.5 任务总结

1）按钮可在单击、按下、释放时执行组态好的系统函数。

2）在定义变量时，需要设置变量的数据类型，每个指令参数至少支持一种数据类型。

3）I/O 域的输出域只显示变量的数值；输入域用于输入传送到 PLC 的数字、字母或符号，将输入的数值保存到指定的变量中；输入/输出域同时具有输入和输出功能，可通过 I/O 域修改变量的数值，并将修改的数值显示出来。

2.2.6 任务训练

1. 在制作 HMI 画面时，如果需要设置单击按钮跳转到其他画面，需要在按钮属性的（　　）中进行设置。

A. 属性　　　　　　B. 动画　　　　　　C. 事件　　　　　　D. 文本

2. 在博途软件中进行触摸屏程序的编写时，当为一个按钮关联变量之后，设置该按钮的"事件"为"按下"按钮时"置位位"，"释放"按钮时"复位位"，则当按下或释放该按钮时，与其关联的变量的值将出现何种变化？

3. 生成一个按钮，用鼠标移动它的位置，改变其大小、背景色、显示的字符和边框。

4. 生成一个彩色的指示灯，用一个变量来控制其点亮、熄灭和闪烁。

5. 生成文本为"压力"的文本域，在它右边生成一个显示3位整数和1位小数的压力值输出域。

2.2.7 任务评价

请根据自己在本任务中的实际表现进行评价，见表2-2-1。

表 2-2-1 任务评价表

项目	评分标准	分值	得分
接受工作任务	明确工作任务	5	
信息收集	博途软件和触摸屏相关知识及操作要点	15	
制定计划	工作计划合理可行，人员分工明确	10	
计划实施	掌握使用文本列表、图形列表的按钮组态	20	
	能够根据任务要求编写PLC程序	10	
	能够熟练完成触摸屏属性和画面操作	10	
	能够使用S7-PLCSIM对任务进行仿真	20	
质量检查	按照要求完成相应任务	5	
评价反馈	经验总结到位，合理评价	5	
得分（满分100）			

任务 3 水塔水位控制

学习目的：
1. 掌握触摸屏功能键的组态；
2. 掌握西门子PLC的传送类指令；
3. 掌握HMI的棒图组态方法，并巩固HMI的I/O域；
4. 掌握报警功能组态；
5. 能够根据故障排查PLC程序或屏画面故障。

2.3.1 任务描述

构建水塔水位控制系统，如图2-3-1所示。在该控制系统中，S1、S2、S3、S4作为液位传感器，M与Y为抽水的水泵。

① 按下启动按钮，水箱水泵Y启动；利用计数器指令模拟水箱内的水量，当水量高于等于10时，低液位传感器S4动作；当水量高于等于25时，高液位传感器S3动作。

② 当水箱水位已满，且水箱高液位传感器S3动作而水塔的低液位传感器S2未动作时，水塔水泵M启动，开始向水塔蓄水，水塔低液位传感器S2动作；利用计数器指令模拟水塔内的水量，直至水塔高液位传感器S1动作时，水塔水泵M和水箱水泵Y依次停止，蓄水结束。

③ 按下停止按钮，暂停上水过程。按下复位按钮，复位所有信号。重新按下启动按钮重复上述过程。

本任务使用的硬件主要有：
1）CPU 1214C DC/DC/DC，一台，订货号：6ES7 214-1AG40 0XB0。
2）HMI，一台，型号：KTP700 Basic，订货号：6AV2 123-2GB03-0AX0。
3）编程计算机，一台，已安装博途专业版软件。
4）四口工业交换机，一台。

2.3.2 知识储备

1. 棒图组态

棒图用类似于棒式温度计的方式形象地显示数值的大小，在本任务中可以用来模拟显示水池液位的变化。

下面以图2-3-2中最右边垂直放置的1号棒图组态画面为例学习棒图设置。将工具箱的棒图对象拖拽到画面工作区，用鼠标调节棒图的位置和大小。

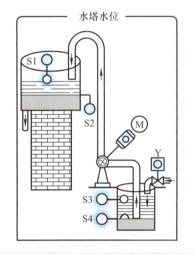

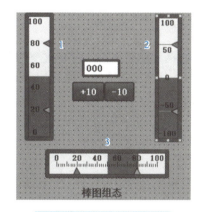

水塔水位控制

图2-3-1　水塔水位控制系统示意图　　图2-3-2　棒图组态画面

设置最右侧垂直放置的棒图。单击选中该棒图，选择巡视窗格的"属性"→"属性"→"常规"，如图2-3-3所示，设置棒图连接的Int型PLC变量为"液位"（在PLC的默认变量表中创建），棒图的最大和最小刻度值分别为"100"和"-100"。图2-3-2中2号和3号棒图的最大刻度值为100，最小刻度值为0。图2-3-2中各棒图连接的变量均为"液位"。

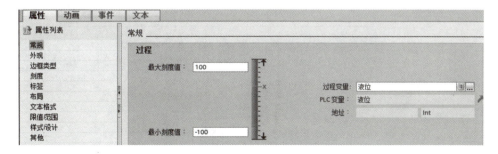

图2-3-3　棒图的常规属性组态

选择巡视窗格"属性"→"属性"→"外观",如图 2-3-4 所示,可以修改前景色、颜色梯度、文本色和棒图整体的填充图案。这里选中了"限制"域的"线"和"刻度"复选框。

棒图的属性操作

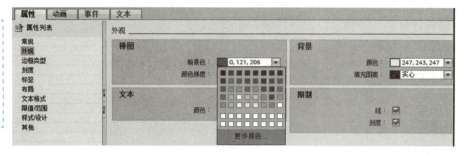

图 2-3-4　棒图的外观组态

选择巡视窗格"属性"→"属性"→"刻度",如图 2-3-5 所示,可以设置是否显示刻度。1 号和 2 号棒图不显示刻度,3 号棒图显示刻度。3 号棒图中"大刻度间距"是两个大刻度线之间的间距。"标记标签"是指定进行标注的大刻度段个数,例如将数值框设置为 2,即每两个大刻度间距设置一个数字标签。"分区"是大刻度间距的小刻度线分区数。如果选中"自动缩放"复选框,将会自动确定上述参数。

图 2-3-5　棒图的刻度组态

选择巡视窗格"属性"→"属性"→"标签",如图 2-3-6 所示,可以设置是否显示标签,设置标签值的字符位数(正负号和小数点也要占一位)和小数点后的位数。修改参数时,马上可以看到参数对棒图形状的影响。在"单位"输入域输入单位后,该单位将在最大和最小的刻度值的右边出现,图 2-3-2 中标签均采用默认值。

图 2-3-6　棒图的标签组态

选择巡视窗格"属性"→"属性"→"布局",如图2-3-7所示,可以改变棒图放置的方向、变化的方向和刻度的位置,图2-3-2中1号和2号棒图的"刻度位置"为"左/上","棒图方向"为"向上",即表示变量数值的前景色从下往上增大。3号棒图的"刻度位置"为"左/上","棒图方向"为"居右",即表示变量数值的前景色从左向右增大。

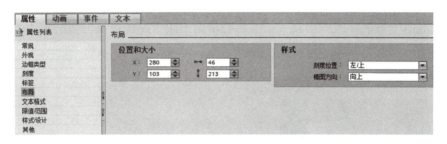

图 2-3-7　棒图的布局组态

在图 2-3-2 的中间,标有"+10"和"-10"的按钮用来增加和减少变量"液位"的值,增量的绝对值为 10。按钮上面的输出域用来显示变量"液位"的值。按钮的常规属性在前节已经学习过,这里不再赘述。选中"+10"按钮巡视窗格的"属性"→"事件"→"单击",如图 2-3-8 所示,单击右边窗口的表最上面一行,再单击右侧出现的按钮(在单击之前是隐藏的),在出现的"系统函数"列表中选择"计算脚本"文件夹中的函数"增加变量"。被增加的 Int 型变量为 PLC 变量"液位",增加值为 10。用相同的方式组态"-10"按钮,在出现"单击"事件时,执行系统函数"减少变量",被减少的变量为"液位",减少值为 10。

图 2-3-8　增量按钮组态

在按钮的上方生成一个输出模式的 I/O 域,连接的变量为"液位",显示格式为十进制 3 位整数。打开 HMI 变量表,选择"液位"变量的"属性"→"范围",将上限设置为"+80",下限设置为"-80",如图 2-3-9 所示。

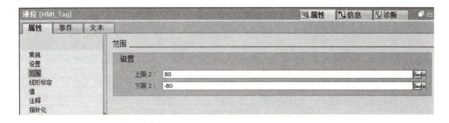

图 2-3-9　I/O 域上下限设置

棒图仿真

单击工具栏的"开始仿真"按钮，先后启动 S7-PLCSIM 和 WinCC 的运行系统仿真。编译成功后，出现仿真面板，显示棒图画面。图 2-3-10 是模拟运行时的棒图画面。单击画面中间的两个按钮，改变变量"液位"的值，每按一次按钮，变量"液位"的值增加或减少 10，可以看到各棒图的反应。因为设置的变量"液位"的最大、最小值分别为 80 和 -80，所以图中变量值达到上限值 80 时，不会再增大。此时下方的棒图中出现一个黄色的指向上限方向的箭头，提醒用户变量超限，如图 2-3-11 所示。

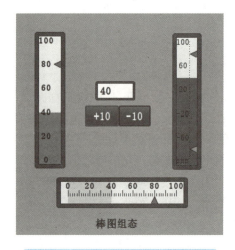

图 2-3-10　仿真运行时的棒图画面

图 2-3-11　棒图超限

报警组态

2. 报警组态

报警系统用来在 HMI 设备上显示和记录运行状态及工厂中出现的故障。报警事件保存在报警记录中，记录的报警事件用 HMI 设备显示，或者以报表形式打印输出。通过报警消息可以迅速定位和清除故障，减少停机时间或避免停机。报警消息由编号、日期、时间、报警文本、状态和报警类别等组成。WinCC 支持以下报警类型，包括用户定义的报警和系统定义的报警：

（1）用户定义的报警

用户定义的报警用于监视生产过程、在 HMI 设备上显示过程状态或者测量和报告从 PLC 接收到的过程数据。用户定义的报警有以下三种类型，其中 HMI 设备可显示离散量报警和模拟量报警。

1）离散量报警：离散量（又称开关量）对应二进制数的一位，离散量的两种状态可以用一位二进制数的 0、1 状态来表示。如发电机断路器的接通和断开、各种故障信号的出现和消失，都可以用来触发离散量报警。

2）模拟量报警：模拟量的值（例如压力值、温度值）超出上限或下限时，可触发模拟量报警。报警文本可以定义为"温度过高"或"温度过低"等。

3）PLC 产生的控制器报警：例如 CPU 的运行模式切换到"STOP"的报警。在 STEP 7 中组态控制器报警，在 WinCC 中处理控制器报警。并非所有的 HMI 设备都支持控制器报警。

（2）系统定义的报警

系统定义的报警指示系统状态以及 HMI 设备和系统之间的通信错误。双击项目树中的"运行系统设置"，选中"报警"，可以指定系统报警在 HMI 设备上持续显示的时间，如图 2-3-12 所示。系统定义的报警包括系统事件和系统定义的控制器报警。

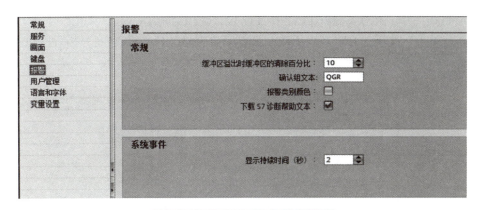

图 2-3-12　运行系统的报警设置

系统事件由 HMI 设备产生，用于监测 HMI 设备。系统定义的控制器报警用于监视 HMI 设备和 PLC，由 S7 诊断报警和系统故障组成，向用户提供 HMI 设备和 PLC 的操作状态。S7 诊断报警显示 S7 控制器中的状态和事件，无须确认或报告，仅用于发出信号。

（3）用户定义的报警状态

离散量报警和模拟量报警有下列报警状态，HMI 设备会显示和记录各种状态的出现，也可以打印输出。

1）到达：满足了触发报警的条件时（例如水位太高），该报警的状态为"到达"，HMI 设备将显示报警消息。用户确认报警后，该报警的状态为"（到达）确认"。

2）离开：当触发报警的条件消失，例如水位恢复到正常值，不再满足该条件时，该报警的状态为"（到达）离开"。

3）确认：有的报警用来提示系统处于严重或危险的运行状态，为了确保用户获得报警信息，可以组态为一直显示到用户对报警进行确认。确认表明用户已经知道触发报警的事件。确认后可能的状态有"（到达）确认""（到达离开）确认"和"（到达确认）离开"。

（4）HMI 报警属性的设置

双击项目视图的"HMI_1"文件夹中的"HMI 报警"，在"报警类别"选项卡可以创建和编辑报警类别，随后可以将报警分配到报警编辑器中的某一报警类别。一共可以创建 16 个报警类别。下面是自动生成的最常用的 4 种报警类别。

1）Errors（事故或错误）：指示紧急的或危险的操作和过程状态，这类报警必须确认。

2）Warnings（警告）：指示不太紧急或不太危险的操作和设备状态，不需要确认。

3）System（系统）：提示操作员有关 HMI 设备和 PLC 的操作错误或通信故障等信息。

4）Diagnosis events（诊断事件）：包含 PLC 的状态和事件，不需要确认。

WinCC 提供在 HMI 设备上显示报警的报警视图，主要用于显示在报警缓冲区或报警记录中选择的报警或事件。报警视图在画面中组态，可以组态具有不同内容的多个报警视图。根据组态，可以同时显示多个报警消息。

2.3.3 任务实施

1. PLC 组态

PLC 的硬件组态和 IP 地址设置等内容与前节相同，在此不再赘述。

（1）创建 PLC 变量表

在"项目树"中，依次单击"PLC_1[CPU 1214C DC/DC/DC]"→"PLC 变量"选项，双击"添加新变量表"选项，并将新添加的变量表命名为"PLC 变量表"，然后在"PLC 变量表"中新建变量，如图 2-3-13 所示。

		名称	数据类型	地址	保持
1	◆	启动按钮	Bool	%M10.0	
2	◆	停止按钮	Bool	%M10.1	
3	◆	复位按钮	Bool	%M10.2	
4	◆	水箱水位变化值	DWord	%MD100	
5	◆	水塔水位变化值	DWord	%MD104	
6	◆	水箱低液位	Bool	%M50.0	
7	◆	水箱高液位	Bool	%M50.1	
8	◆	水塔低液位	Bool	%M50.2	
9	◆	水塔高液位	Bool	%M50.3	
10	◆	水箱水泵	Bool	%Q0.1	
11	◆	水塔抽水泵	Bool	%Q0.2	

图 2-3-13　PLC 变量表

（2）编写 OB1 主程序

主程序如图 2-3-14 所示。

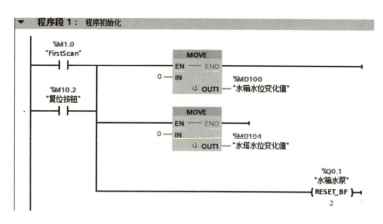

图 2-3-14　PLC 程序

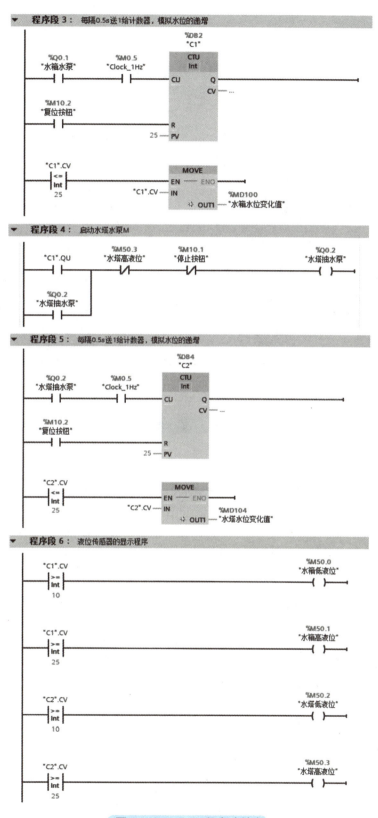

图 2-3-14 PLC 程序（续）

2. 触摸屏画面组态

选择 KTP700 Basic 彩色触摸屏，订货号：6AV2 123-2GB03-0AX0。如图 2-3-15 所示。

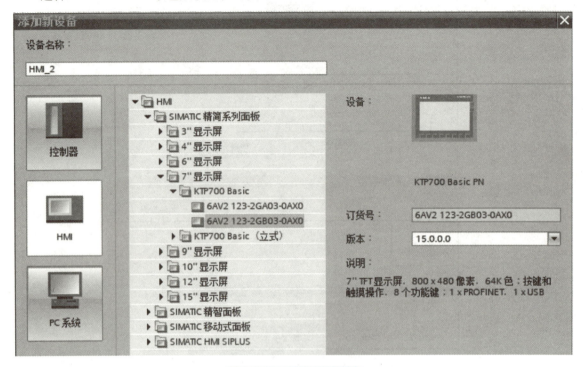

图 2-3-15　添加触摸屏

触摸屏属性设置、创建网络连接的过程与前节内容相同，在此不再赘述。

（1）创建变量表

在"项目树"中，依次选择"HMI_1[KTP700 Basic］"→"HMI 变量"选项，双击"添加新变量表"选项。在添加的 HMI 变量表中，新建 HMI 变量的名称，连接"HMI_连接_1"，并将其与对应 PLC 变量进行链接。建好的 HMI 变量表如图 2-3-16 所示。

名称	数据类型	连接	PLC 名称	PLC 变量
停止按钮	Bool	HMI_连接_1	PLC_1	停止按钮
启动按钮	Bool	HMI_连接_1	PLC_1	启动按钮
复位按钮	Bool	HMI_连接_1	PLC_1	复位按钮
水塔低液位	Bool	HMI_连接_1	PLC_1	水塔低液位
水塔抽水泵	Bool	HMI_连接_1	PLC_1	水塔抽水泵
水塔水位变化值	DWord	HMI_连接_1	PLC_1	水塔水位变化值
水塔高液位	Bool	HMI_连接_1	PLC_1	水塔高液位
水箱低液位	Bool	HMI_连接_1	PLC_1	水箱低液位
水箱水位变化值	DWord	HMI_连接_1	PLC_1	水箱水位变化值
水箱水泵	Bool	HMI_连接_1	PLC_1	水箱水泵
水箱高液位	Bool	HMI_连接_1	PLC_1	水箱高液位

图 2-3-16　HMI 变量表

在"项目树"中，选择"HMI_1[KTP700 Basic]"→"画面"选项，将根画面重命名为"水塔界面"，双击进入画面制作视图。

(2) 组态图形视图

双击"监控界面"进入画面编辑状态,在右侧的"工具箱"中找到"基本对象"→"图形视图",然后将"图形视图"拖拽到画面工作区,如图 2-3-17 所示。

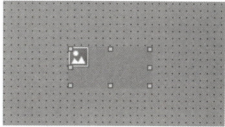

图 2-3-17　组态图形视图

选择图形视图的"属性"→"常规"选项,单击"从文件创建新图形"选项,找到计算机上的图形文件,选中添加到画面中,如图 2-3-18 所示。

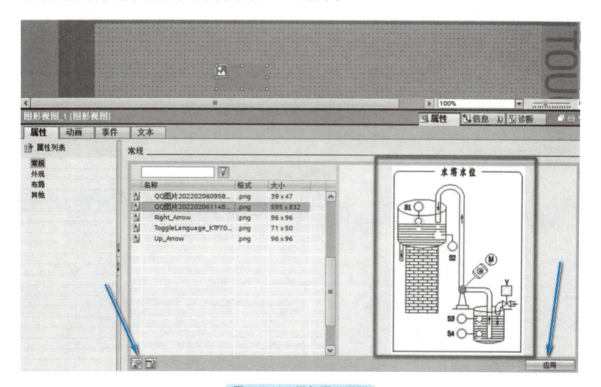

图 2-3-18　添加图形画面

拖拽图形调整大小,使其能够适应屏幕大小,添加后的画面如图 2-3-19 所示。

(3) 组态功能键

KTP700 Basic 彩色屏自带 8 个功能键,分别是 F1 ~ F8。这里选取 F2、F3、F4 分别作为启动按钮、停止按钮和复位按钮。下面分别对这三个功能键进行组态。选中 F2 功能键,选择"属性"→"常规"→"图形",取消勾选"使用本地模板",选择从"文件创建新图形",导入"启动按钮"的图形,如图 2-3-20 所示。

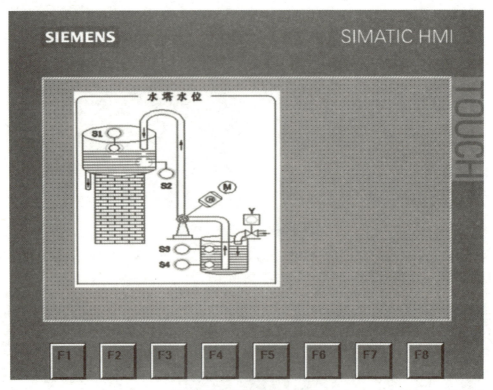

图 2-3-19 添加图形视图

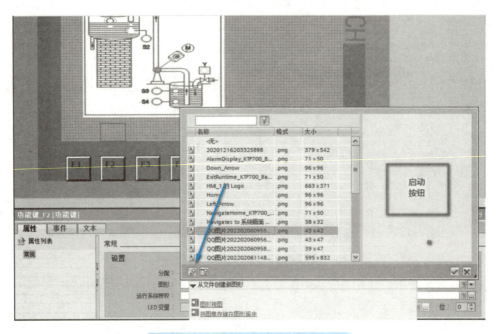

图 2-3-20 添加 F2 功能键图形文件

选中 F2 功能键,选择"事件"→"键盘按下"→"添加函数"→"取反位","变量"选择"启动按钮",如图 2-3-21 所示。

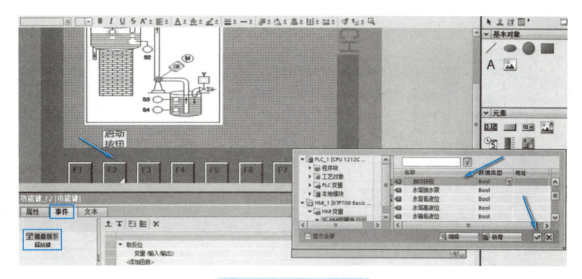

图 2-3-21　F2 功能键组态

用相同的方式将 F3、F4 功能键组态，效果如图 2-3-22 所示。

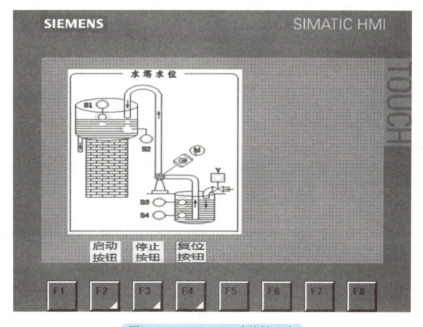

图 2-3-22　F3、F4 功能键组态

（4）组态指示灯

在右侧的"工具箱"中找到"基本对象"→"圆"，然后将"圆"拖拽到工作区，调整圆的大小。找到"基本对象"→"文本域"，然后将"文本域"拖拽到圆的下方，选中"文本域"→"属性"→"常规"→"文本"，将默认"Text"修改为"启动"。在"样式"中修改文本的"字形"和"大小"，如图 2-3-23a 所示。选择"属性"→"动画"→"显示"→"添加新动画"→"外观"，在变量中链接 HMI 变量启动按钮。同样，在"属性"→"外观"中还可修改文本的"背景""文本""边框"，自行进行个性化设计，在这里不一一赘述。

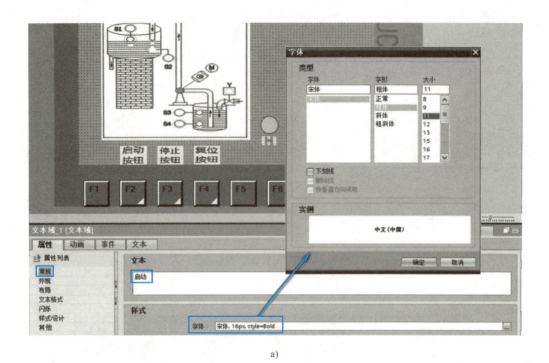

a)

b)

图 2-3-23 组态指示灯

依此类推，用相同的方式将液面传感器 S1~S4，水泵 M、Y 以及启动按钮、停止按钮、复位按钮的指示灯依次放置在工作区。依次单击"属性"→"动画"→"显示"选项，双击"添加新动画"选项，选择"外观"，进行外观的设置，以 S4 设置为例，如图 2-3-24 所示。

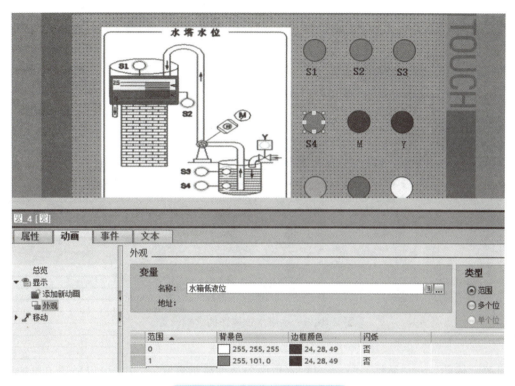

图 2-3-24 指示灯的外观设置

（5）组态棒图

为达到真实的视觉效果，在触摸屏中使用棒图模拟演示水塔水位的效果。选择右侧"工作箱"→"元素"→"棒图"，拖拽到水塔工作区，如图 2-3-25 所示。

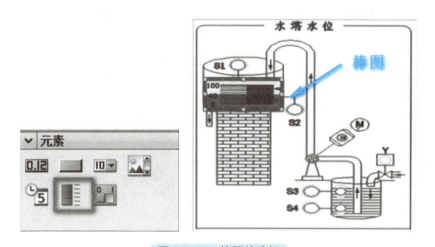

图 2-3-25 棒图的选择

选择"棒图"→"属性"→"常规"，在右侧界面的"过程"选项组下，将"最大刻度值"设置为"25"，"最小刻度值"设置为"0"，"过程变量"设置为"水塔水位变化值"，如图 2-3-26 所示。

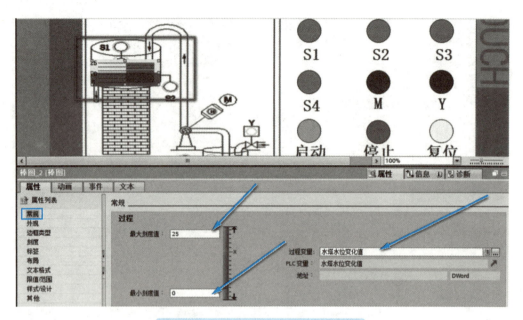

图 2-3-26　水塔水位棒图的常规设置

选择"棒图"→"属性"→"刻度",取消勾选"显示刻度",这样可以呈现出更加真实的水位效果,如图 2-3-27 所示。

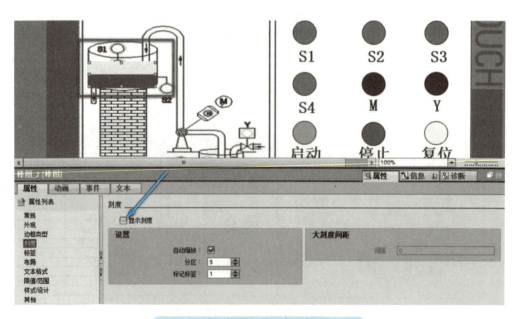

图 2-3-27　水塔水位棒图的刻度设置

用相同的方式完成水箱水位棒图组态,如图 2-3-28 所示。至此触摸屏画面制作完成,可以将其下载到触摸屏和 PLC 中进行测试。

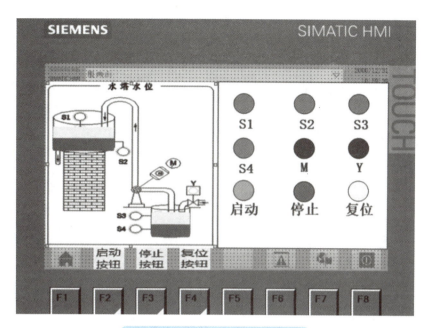

图 2-3-28　水位棒图的组态设置

3. 下载调试

将编写好的 PLC 程序下载到 PLCSIM 中，并打开 WinCC 的触摸屏仿真画面，按下启动按钮，水泵 Y 启动，如图 2-3-29 所示。当水箱水位已满，且水箱高液位传感器 S3 动作而水塔低液位传感器 S2 未动作时，表明水塔缺水需要进水，水塔水泵 M 启动，开始向水塔蓄水，如图 2-3-30 所示。

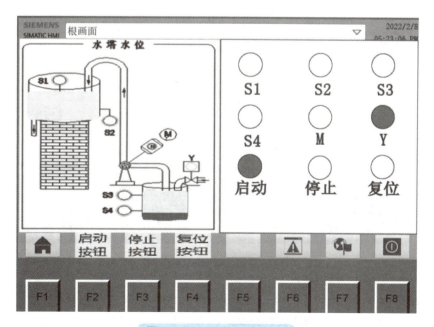

图 2-3-29　运行调试（一）

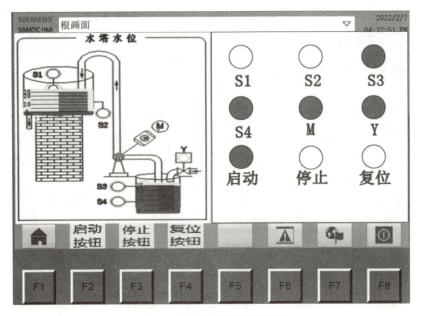

图 2-3-30 运行调试（二）

直至水塔高液位传感器 S1 动作，水塔水泵 M 停止，紧接着水箱水泵 Y 停止，蓄水结束，如图 2-3-31 所示。

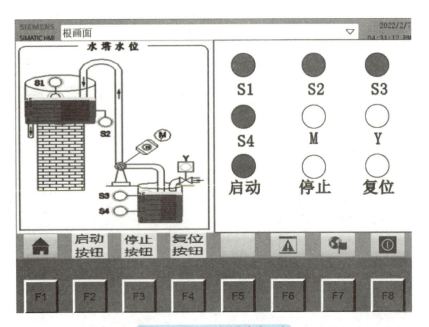

图 2-3-31 运行调试（三）

在运行过程中按下停止按钮，所有运行全部暂停，再次按下启动按钮，继续执行，如图 2-3-32 所示。运行过程中，按下复位按钮，所有状态恢复初始值，再次按下启动按钮重复上述过程，如图 2-3-33 所示。

项目2 触摸屏典型应用

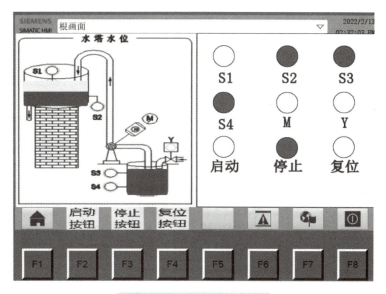

图 2-3-32 运行调试（四）

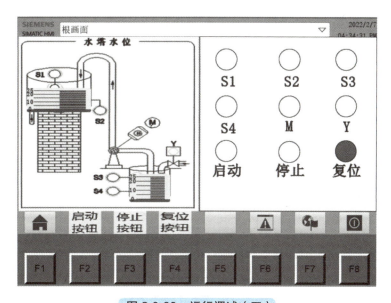

图 2-3-33 运行调试（五）

2.3.4 拓展练习

在之前的任务中我们已经练习了手动和自动两种控制方式，请利用学习过的知识将水塔水位控制系统进行改进，具体控制要求如下：

在图 2-3-13 给出的 PLC 变量表的基础上添加变量，如图 2-3-34 所示，并实现以下功能：

① 手动控制功能：按下水箱进水

12		水箱进水按钮	Bool	%M10.3
13		水塔进水按钮	Bool	%M10.4
14		手动按钮	Bool	%M10.5
15		自动按钮	Bool	%M10.6
16		报警信息	Word	%MW108

图 2-3-34 PLC 变量表添加变量

67

按钮，水箱水泵动作，开始进水；按下水塔进水按钮，水塔开始进水，有复位功能。

② 自动控制功能：按下启动按钮，水箱开始进水，水位满之后水塔开始进水，水塔满之后停止进水，这个过程有停止、复位功能。

③ 报警：当水箱水位满之后有报警提示，当水塔水位满之后也有报警提示。

④ 触摸屏画面自行设计。

2.3.5 任务总结

1）棒图连接的 PLC 变量是 Int 型，常常用于模拟显示水池水位、压力大小的变化。

2）在运行系统中，由 PLC 的控制程序来置位指定的变量中的一个特定位，确认离散量报警，报警被确认时，指定的 PLC 变量中的特定位将被置位。

3）博途软件中的函数（FC）是不带存储器的代码块，没有可以存储块参数值的数据存储器。与函数相比，在调用函数块时必须为其分配背景数据块。本任务中的自动控制函数块的输入参数、输出参数均存储在背景数据块中。

2.3.6 任务训练

1.用于 HMI 的报警变量需要是（　　　）型数据。

A. Bool　　　　　　B. Byte　　　　　　C. Word　　　　　　D. DWord

2.组态用来显示变量"液位"的垂直放置的棒图，最大值 200 在上面，最小值 0 在下面。在 30 和 150 处设置变量的下限值和上限值，为限制区设置不同的颜色。

3.报警有什么作用？什么是离散量报警？什么是模拟量报警？

4.报警有哪几种状态？为什么要确认报警？怎样确认报警？

5.组态离散量报警，创建 PLC 变量"电动机星形启动""电动机三角形运行"，实现电动机星三角减压启动的报警画面。

6.有哪些常用的报警类别？它们各自有什么特点？

2.3.7 任务评价

请根据自己在本任务中的实际表现进行评价，见表 2-3-1。

表 2-3-1　任务评价表

项目	评分标准	分值	得分
接受工作任务	明确工作任务	5	
信息收集	博途软件和触摸屏相关知识及操作要点	15	
制定计划	工作计划合理可行，人员分工明确	10	
计划实施	掌握棒图组态和报警组态的基本操作	20	
	能够根据任务要求编写 PLC 程序	10	
	能够熟练完成触摸屏属性和画面操作	10	
	能够使用 S7-PLCSIM 对任务进行仿真	20	
质量检查	按照要求完成相应任务	5	
评价反馈	经验总结到位，合理评价	5	
得分（满分 100）			

任务4　液体混料装置控制

学习目的：
1. 掌握触摸屏多画面的切换组态；
2. 了解触摸屏的日期时间域组态；
3. 掌握西门子 PLC 的 FC 函数块功能；
4. 能够根据故障信息排查 PLC 程序或屏画面故障。

2.4.1　任务描述

图 2-4-1 所示为三种液体混合装置结构示意图。SL1、SL2、SL3、SL4 为液面传感器，液面淹没时接通，三种液体（液体 A、B、C）的流入和混合液体 D 的流出分别由电磁阀 YV1、YV2、YV3、YV4 控制，M 为搅拌电动机。具体要求如下：

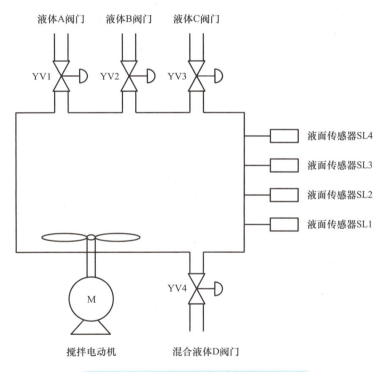

图 2-4-1　三种液体混合装置结构示意图

① 触摸屏画面：设置"欢迎界面""控制画面"两个画面，并且设置切换。
② 手动控制：将开关拨至"手动操作"状态，启用手动控制功能。按下"手动 A 加料"，阀门 A 打开，液体 A 流入混料罐；按下"手动 B 加料"，阀门 B 打开，液体 B 流入混料罐；按下"手动 C 加料"，阀门 C 打开，液体 C 流入混料罐；按下"手动搅拌"，液体开始搅拌；按下"手动卸料"，则阀门 D 打开，液体 D 流出。
③ 自动控制：将开关拨至"自动操作"状态，启用自动控制功能。按下启动按钮，装置开

始按流程工作，液体 A 阀门打开，液体 A 流入混料罐，当液面到达 SL2 时，关闭液体 A 阀门，打开 B 阀门。当液面到达 SL3 时，关闭液体 B 阀门，打开 C 阀门。当液面到达 SL4 时，关闭液体 C 阀门，搅拌电动机开始转动。搅拌电动机工作 10s 后，停止搅动，液体阀门 D 打开，开始放出混合液体。当液面下降到 SL1，即 SL1 由接通变为断开之后，经过 5s 后混料罐放空，混合液体阀门 D 关闭，接着开始下一个循环操作。

④ 其他要求：按下停止按钮后，所有工作暂停，松开后按下相应按钮，加料混料继续进行；按下复位按钮后，系统停止在初始状态；在控制过程中实时显示混料罐的实时液位状态。通过对控制过程进行分析，可以得到图 2-4-2 所示的工作流程。

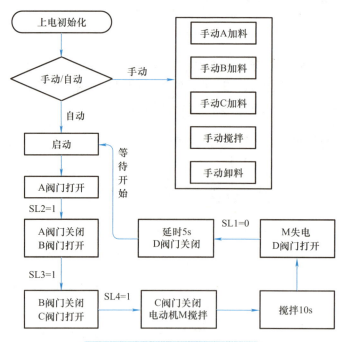

图 2-4-2　液体混合的工作流程

本任务使用的硬件主要有：

1）CPU 1214C DC/DC/DC，一台，订货号：6ES7 214-1AG40 0XB0。
2）HMI，一台，型号：KTP700 Basic，订货号：6AV2 123-2GB03-0AX0。
3）编程计算机，一台，已安装博途专业版软件。
4）四口工业交换机，一台。

2.4.2　知识储备

1. 日期时间域组态

打开画面，将工具箱的"元素"中的日期时间域拖拽到画面中，如图 2-4-3a 所示，用鼠标调节它的位置和大小。单击选中放置的日期时间域，选择巡视窗格的"属性"→"属性"→"常规"，可以通过复选框设置是否显示日期和（或）时间，如图 2-4-4 所示。A 日期时间域只显示日期，B 日期时间域采用系统时间格式，C 日期时间域同时采用了系统时间格式和长日期时间格式，D 日期时间域只显示时间。如果日期时间域的"类型"为"输入 / 输出"，则可以用它来修改当前的日期和时间。

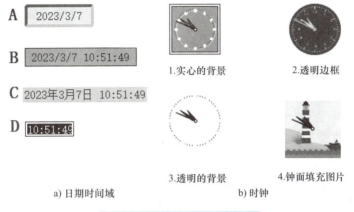

图 2-4-3　日期时间仿真画面

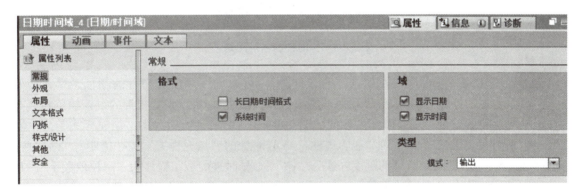

图 2-4-4　日期时间域的常规组态

选择巡视窗格中的"属性"→"属性"→"外观",可以设置文本色和背景色,如图 2-4-5 所示。填充图案为透明时没有背景色。A 日期时间域设置了绿色背景,边框为 3D 样式；B 日期时间域设置了深蓝色背景,边框为 1 号实线边框；C 日期时间域设置了浅蓝色背景,无边框；D 日期时间域没有设置背景颜色,边框为 1 号实线边框。

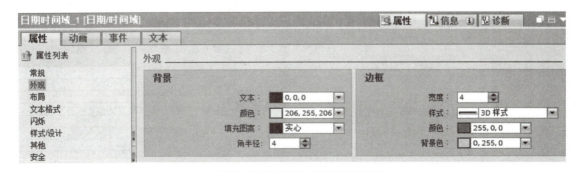

图 2-4-5　日期时间域的外观组态

2. 时钟组态

时钟组态

时钟用来显示时间值，它比日期时间域更为形象直观。将工具箱的"元素"中的"时钟"拖拽到画面中，用鼠标调节其位置和大小，如图2-4-3b所示。某些型号的HMI设备（例如精简面板）没有时钟。选择巡视窗格的"属性"→"属性"→"常规"，如图2-4-6所示，如果没有勾选"模拟"复选框，将采用与左上角的日期时间域相同的数字显示方式，但是不显示秒的值。

图2-4-6 时钟的常规组态

选择巡视窗格"属性"→"属性"→"外观"，可以设置刻度和指针的颜色、样式，如图2-4-7所示。指针的填充样式可以选择"实心"和"透明"，可以设置指针的线条颜色和填充色。边框可设置的参数与日期时间域相同。图2-4-3中1号和4号时钟的"填充样式"为"实心"，2号时钟的"填充样式"为"透明边框"，3号时钟的"填充样式"为"透明"。2号时钟的刻度样式为"线"，其余时钟的刻度样式为"圆"。2号时钟的数字样式为"阿拉伯数字"，其余时钟为"无数字"。4号时钟不显示表盘，但是使用了用户指定的图形做钟面。

图2-4-7 时钟的外观组态

选择巡视窗格"属性"→"属性"→"布局",如图 2-4-8 所示,可以设置在改变时钟的尺寸时是否保持正方形形状。指针的尺寸一般采用默认值。

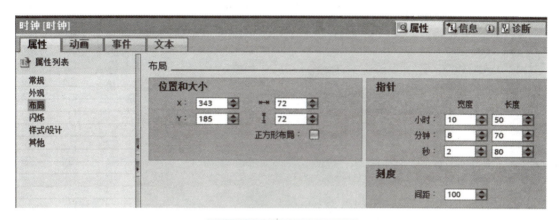

图 2-4-8　时钟的布局组态

选择 2 号时钟,再选择巡视窗格"属性"→"属性"→"样式/设计",如图 2-4-9 所示,勾选"样式/设计设置"复选框,"样式项外观"选择框出现"时钟[默认]",采用默认的黑色圆形时钟表盘,如图 2-4-3 所示。

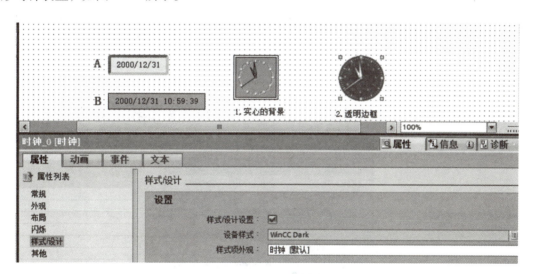

图 2-4-9　时钟的样式/设计组态

2.4.3　任务实施

1. PLC 组态

PLC 的硬件组态和 IP 地址设置等内容与前节相同,在此不再赘述。

(1)创建 PLC 变量表

在"项目树"中,依次单击"PLC_1[CPU 1214C DC/DC/DC]"→"PLC 变量"选项,双击"添加新变量表"选项,并将新添加的变量表命名为"PLC 变量表",然后在"PLC 变量表"中新建变量,如图 2-4-10 所示。

		名称	数据类型	地址	保持	可从…	从 H…	在 H…
1		液位SL1	Bool	%M10.0	☐	☑	☑	☑
2		液位SL2	Bool	%M10.1	☐	☑	☑	☑
3		液位SL3	Bool	%M10.2	☐	☑	☑	☑
4		液位SL4	Bool	%M10.3	☐	☑	☑	☑
5		A加料阀YV1	Bool	%Q0.0	☐	☑	☑	☑
6		B加料阀YV2	Bool	%Q0.1	☐	☑	☑	☑
7		C加料阀YV3	Bool	%Q0.2	☐	☑	☑	☑
8		D卸料阀YV4	Bool	%Q0.3	☐	☑	☑	☑
9		搅拌电动机M	Bool	%Q0.4	☐	☑	☑	☑
10		复位按钮	Bool	%M11.0	☐	☑	☑	☑
11		启动按钮SB1	Bool	%M11.1	☐	☑	☑	☑
12		停止按钮SB2	Bool	%M11.2	☐	☑	☑	☑
13		液位状态值	DWord	%MD20	☐	☑	☑	☑
14		手动控制	Bool	%M11.3	☐	☑	☑	☑
15		中间变量1	Bool	%M2.1	☐	☑	☑	☑
16		手自动切换	Bool	%M2.2	☐	☑	☑	☑
17		自动控制	Bool	%M11.4	☐	☑	☑	☑
18		手动A加料	Bool	%M11.5	☐	☑	☑	☑
19		手动B加料	Bool	%M11.6	☐	☑	☑	☑
20		手动C加料	Bool	%M11.7	☐	☑	☑	☑
21		手动卸料	Bool	%M12.0	☐	☑	☑	☑
22		手动搅拌	Bool	%M12.1	☐	☑	☑	☑

图 2-4-10　PLC 变量表

（2）程序编写

根据任务要求，将本任务程序分成主程序 Main[OB1]、手动控制程序 [FC1] 和自动控制程序 [FC3]，如图 2-4-11 所示。

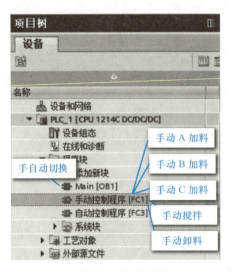

图 2-4-11　程序结构

主程序 Main[OB1] 如图 2-4-12 所示。

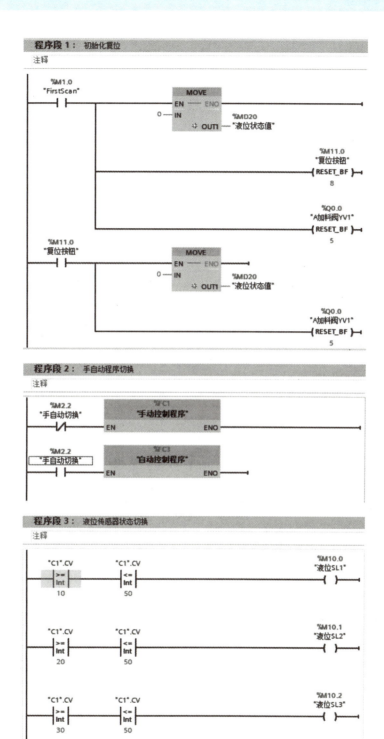

图 2-4-12 主程序 Main[OB1]

手动控制程序 [FC1] 如图 2-4-13 所示。

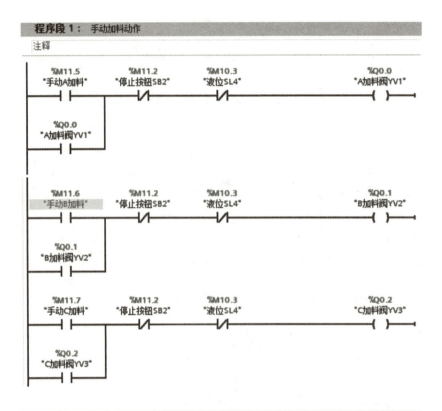

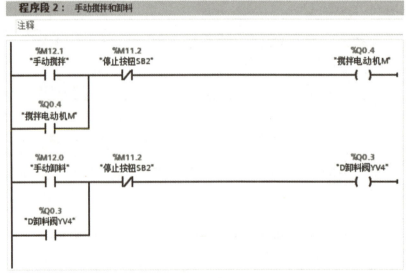

图 2-4-13　手动控制程序 [FC1]

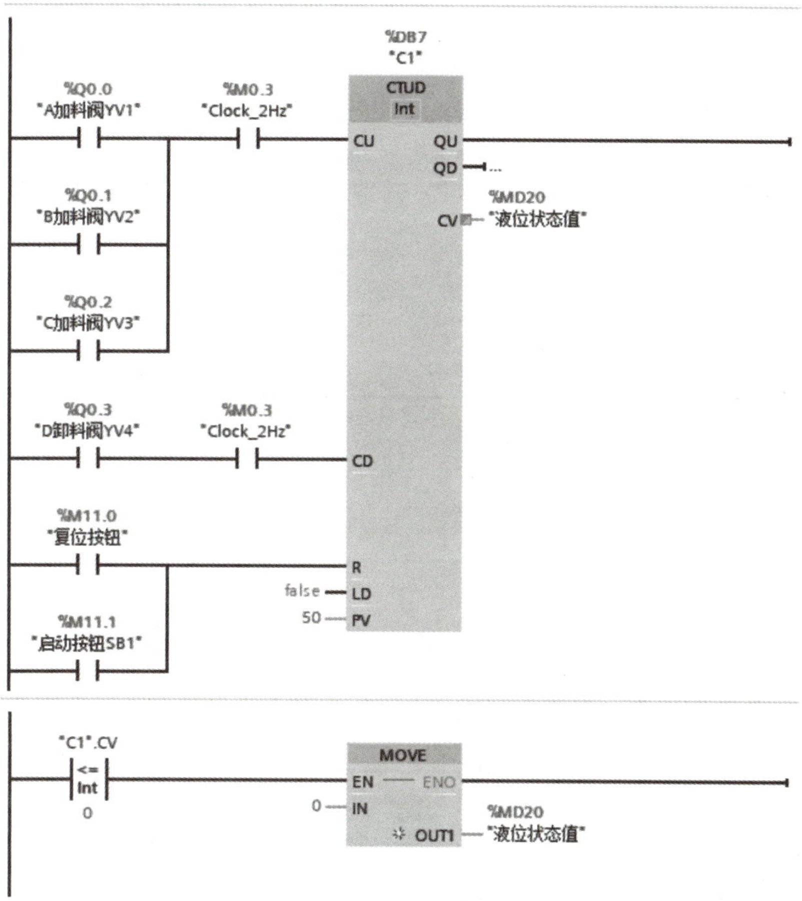

图 2-4-13　手动控制程序 [FC1]（续）

自动控制程序 [FC3] 如图 2-4-14 所示。

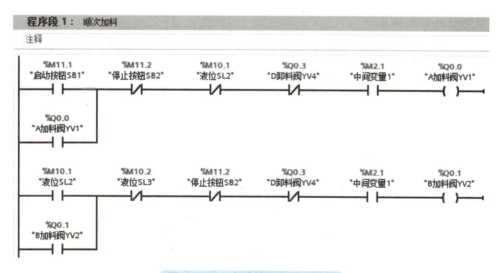

图 2-4-14　自动控制程序 [FC3]

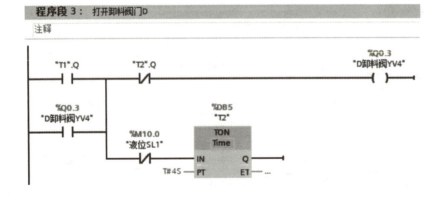

图 2-4-14　自动控制程序 [FC3]（续）

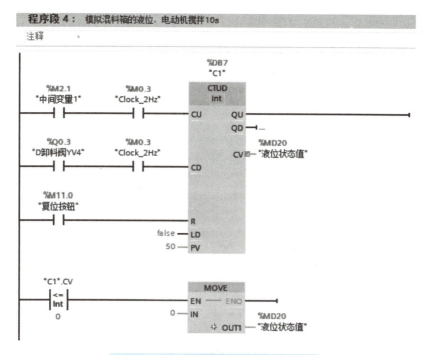

图 2-4-14　自动控制程序 [FC3]（续）

2. 触摸屏画面组态

组态触摸屏，依然选择 KTP700 Basic 彩色屏，订货号：6AV2 123-2GB03-0AX0，如图 2-4-15 所示。

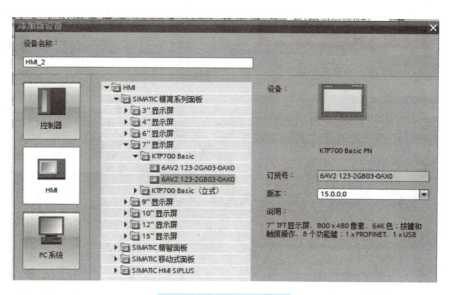

图 2-4-15　组态触摸屏

触摸屏属性设置、创建网络连接的过程与前节内容相同，在此不再赘述。画面要求：用按钮实现多画面切换，触摸屏打开后显示欢迎界面"液体混料装置控制"，按下对应按钮进入操作界面实现任务控制功能。

（1）创建变量表

在“项目树”中，依次选择“HMI_1[KTP700 Basic]”→“HMI 变量”选项，双击“添加新变量表”选项。在添加的变量表中，新建 HMI 变量的名称，连接“HMI_ 连接 _1”，并将其与对应 PLC 变量进行链接。建好的 HMI 变量表如图 2-4-16 所示。

HMI变量表

名称	数据类型	连接	PLC 名称	PLC 变量
A加料阀YV1	Bool	HMI_连接_1	PLC_1	A加料阀YV1
B加料阀YV2	Bool	HMI_连接_1	PLC_1	B加料阀YV2
C加料阀YV3	Bool	HMI_连接_1	PLC_1	C加料阀YV3
停止按钮SB2	Bool	HMI_连接_1	PLC_1	停止按钮SB2
卸料阀YV4	Bool	HMI_连接_1	PLC_1	D卸料阀YV4
启动按钮SB1	Bool	HMI_连接_1	PLC_1	启动按钮SB1
复位按钮	Bool	HMI_连接_1	PLC_1	复位按钮
手动A加料	Bool	HMI_连接_1	PLC_1	手动A加料
手动B加料	Bool	HMI_连接_1	PLC_1	手动B加料
手动C加料	Bool	HMI_连接_1	PLC_1	手动C加料
手动卸料	Bool	HMI_连接_1	PLC_1	手动卸料
手动搅拌	Bool	HMI_连接_1	PLC_1	手动搅拌
手自动切换	Bool	HMI_连接_1	PLC_1	手自动切换
搅拌电动机M	Bool	HMI_连接_1	PLC_1	搅拌电动机M
液位SL1	Bool	HMI_连接_1	PLC_1	液位SL1
液位SL2	Bool	HMI_连接_1	PLC_1	液位SL2
液位SL3	Bool	HMI_连接_1	PLC_1	液位SL3
液位SL4	Bool	HMI_连接_1	PLC_1	液位SL4
液位状态值	DWord	HMI_连接_1	PLC_1	液位状态值

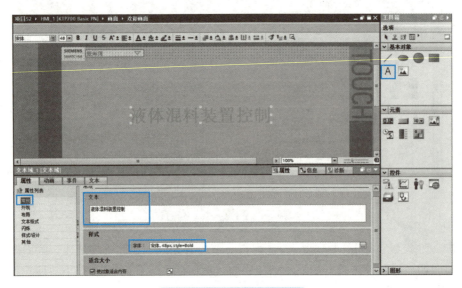

图 2-4-16　HMI 变量表

在“项目树”中，选择“HMI_1[KTP700 Basic]”→“画面”选项，将根画面重命名为“欢迎界面”，双击进入画面制作视图。

（2）制作欢迎标语

将工具箱中的“文本域”拖拽到画面中，单击“属性”→“常规”，修改文本为“液体混料装置控制”，在“样式”选项组中对文本字体进行修改，选中“文本域”将其调整到适当位置，如图 2-4-17 所示。

图 2-4-17　制作欢迎标语

（3）组态切换按钮

在"项目树"中，选择"HMI_1[KTP700 Basic]"→"画面"选项，双击添加新画面，并且重命名为"监控界面"，如图 2-4-18 所示。KTP700 Basic 彩色屏自带 8 个功能键，分别是 F1~F8。选取 F5，并选择"属性"→"常规"，在界面右侧的"图形"列表框中，选择"从文件创建新图形"导入"控制画面"文件，如图 2-4-19 所示。

图 2-4-18　添加监控界面

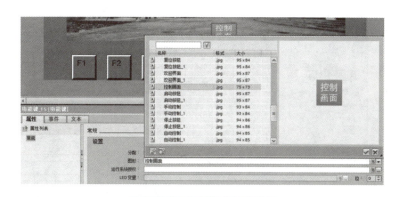

图 2-4-19　按钮常规设置

返回到欢迎界面，选中 F5 键，选择"事件"→"键盘按下"→"激活屏幕"，将"控制画面"选中，这样就实现了按下 F5 键切换到"控制画面"，如图 2-4-20 所示。

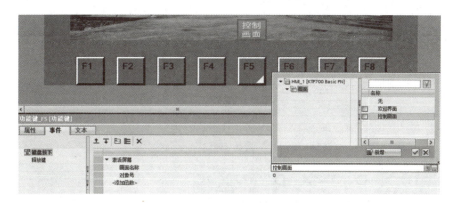

图 2-4-20　切换画面

（4）组态图形视图

双击"监控界面"进入画面编辑状态，在右侧的"工具箱"窗格中找到"基本对象"→"图形视图"，然后将"图形视图"拖拽到画面工作区，如图 2-4-21 所示。

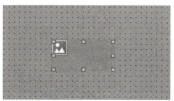

图 2-4-21　添加图形视图

在图形视图中,选择"属性"→"常规",单击"从文件创建新图形"选项,找到计算机上的图形文件,选中并添加到画面中,如图 2-4-22 所示。

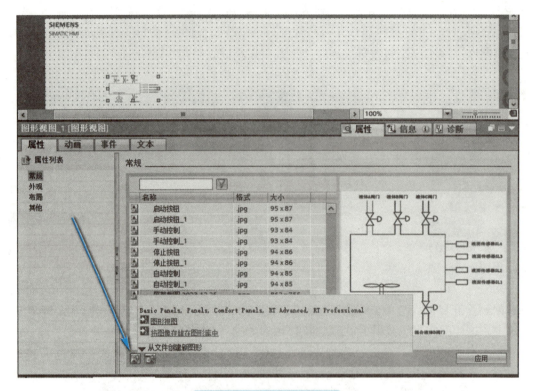

图 2-4-22 添加图形画面

拖拽图形调整图形大小,使其能够适应屏幕大小,添加后的画面如图 2-4-23 所示。

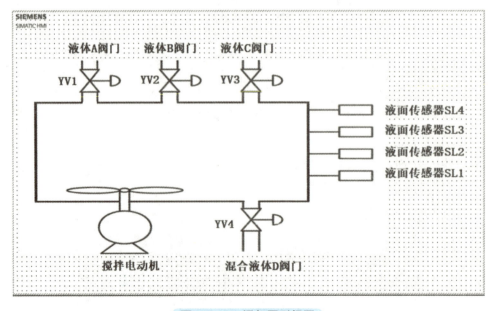

图 2-4-23 添加图形视图

（5）组态控制画面按钮

控制画面中自动控制程序使用到的功能按钮有四个，分别是"欢迎界面""启动按钮""停止按钮""复位按钮"，下面分别对这四个按钮进行组态。F1功能键的主要作用是返回欢迎界面，选中F1，并选择"属性"→"常规"，在界面右侧的"图形"列表框中，取消勾选"使用本地模板"，选择从"文件创建新图形"导入"欢迎界面"的图形，如图2-4-24所示。

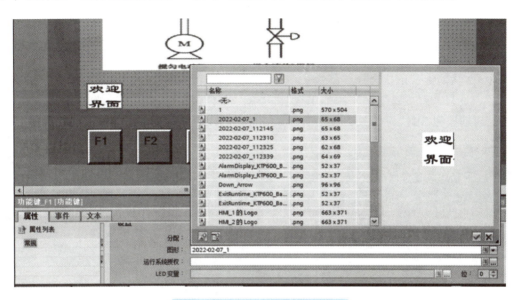

图 2-4-24　F1 功能键图形组态

F2功能键的主要作用是启动系统实现任务功能，选中F2，用相同的图形组态方法将F2的功能进行文本注释，如图2-4-25所示。

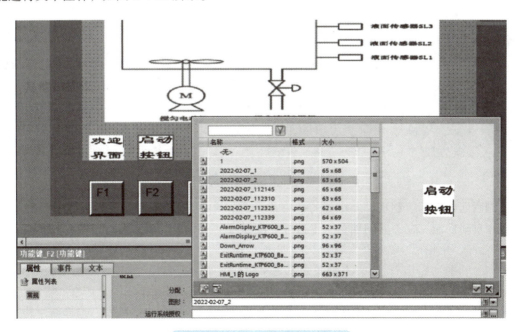

图 2-4-25　F2 功能键图形组态

用相同的图形组态方法将 F3、F4 分别设置为停止按钮、复位按钮，如图 2-4-26 所示。

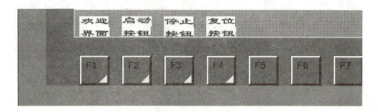

图 2-4-26　F3、F4 功能键图形组态

选中 F2 功能键，依次选择"属性"→"事件"→"键盘按下"→"添加函数"，然后选择"置位位"；选择"释放键"→"添加函数"，选择"复位位"，并将 F2 功能键链接至 HMI 变量表中的"启动按钮 SB1"，如图 2-4-27 所示。

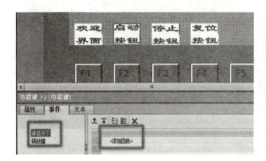 

图 2-4-27　F2 功能组态

同样的方法，将 F3 功能键链接到 HMI 变量表中的"停止按钮 SB2"，将 F4 功能键链接到 HMI 变量表中的"初始状态按钮"，并组态事件，如图 2-4-28 所示。

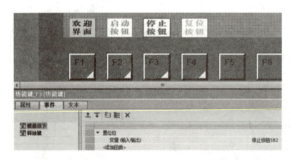 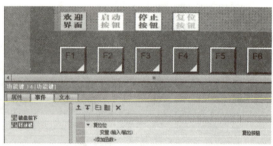

图 2-4-28　F3、F4 功能组态

控制画面中手动控制程序使用到的按钮有六个，其中"手自动切换按钮"的功能是切换手动控制和自动控制。在左侧的项目树中选择"HMI_1"→"文本和图形列表"并双击打开，选中"文本列表"并在其文本框中新建文本列表，命名为"手自动切换"，当文本列表条目为 0 时，文本为"手动操作"；当文本列表条目为 1 时，文本为"自动操作"。在右侧的"工具箱"中找到"元素"→"按钮"，然后将"按钮"拖拽到工作区。在工作区中，选中"按钮"，依次选择其巡视窗格的"属性"→"常规"选项，选择"标签"→"文本列表"，选择新建的"手自动切换"文本列表，"过程"链接 HMI 变量中的"手自动切换"，如图 2-4-29 所示。

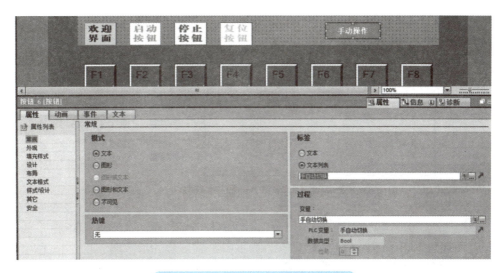

图 2-4-29　手自动切换的属性设置

选中"手自动切换"按钮，选择"属性"→"事件"→"单击"，然后选择"添加函数"→"系统函数"→"编辑位"→"取反位"，变量链接 HMI 变量"手自动切换"，如图 2-4-30 所示。

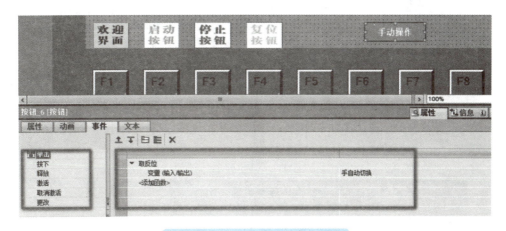

图 2-4-30　手自动切换事件设置

"手动 A 加料""手动 B 加料""手动 C 加料""手动搅拌""手动卸料"五个手动控制按钮的基本属性一致，如图 2-4-31 所示。下面以"手动 A 加料"按钮为例进行介绍。

选中"手动 A 加料"按钮，依次选择"属性"→"事件"→"按下"，单击"添加函数"→"系统函数"→"编辑位"→"置位位"，变量（输入/输出）链接 HMI 变量"手动 A 加料"。单击"释放"命令，再单击"添加函数"→"系统函数"→"编辑位"→"复位位"，变量（输入/输出）仍然链接 HMI 变量"手动 A 加料"，如图 2-4-32 所示。以此类推，用相同的事件函数组态其他几个手动按钮。

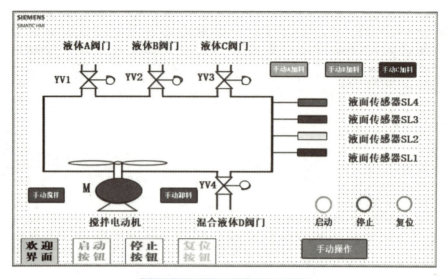

图 2-4-31 手动控制按钮分布

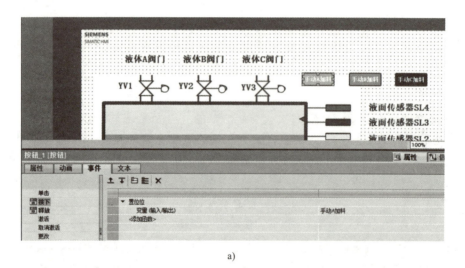

a)

b)

图 2-4-32 手动 A 加料事件设置

（6）组态棒图

在右侧的"工具箱"中找到"元素"→"棒图"，然后将"棒图"拖拽到工作区。在工作区中，选中"棒图"，依次选择其巡视窗格的"属性"→"常规"选项，在界面右侧的"过程"选项组中，将"最大刻度值"设置为"50"，"最小刻度值"设置为"0"，"过程变量"设置为

"液位值",如图2-4-33所示。

选中"棒图",依次选择其巡视窗格的"属性"→"刻度"选项,取消勾选"显示刻度",这样可以呈现出更加真实的水位效果。

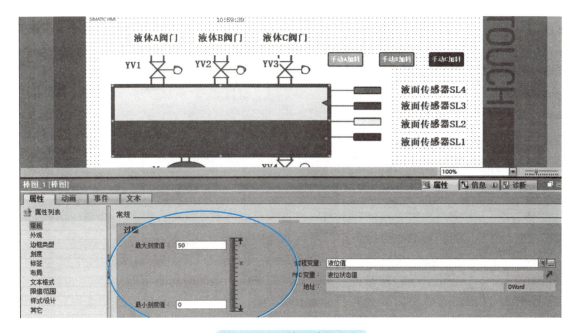

图2-4-33 棒图功能组态

(7)组态指示灯

在右侧的"工具箱"中找到"基本对象"→"圆",然后将"圆"拖拽到工作区,调整大小后放置在液体A阀门对应位置。同样的方法再拖拽三个圆放置在液体B～D阀门对应位置;拖拽一个椭圆对象,调整大小后放置在电动机对应位置;拖拽四个矩形框分别放置在液面传感器SL1～SL4对应位置;再放置三个椭圆对象放置在启动按钮、停止按钮、复位按钮对应位置,如图2-4-34所示。

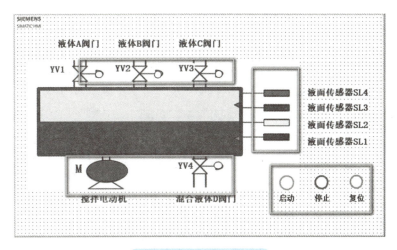

图2-4-34 组态指示灯

在工作区中，选中电动机处椭圆，依次单击"属性"→"动画"→"显示"选项，双击"添加新动画"选项，选择"可见性"。在"过程"选项组中，将"变量"选择为HMI变量中的"搅拌电动机M"，范围为从"1"到"1"，意味着当变量M为"1"时，该图形可见，如图2-4-35所示。

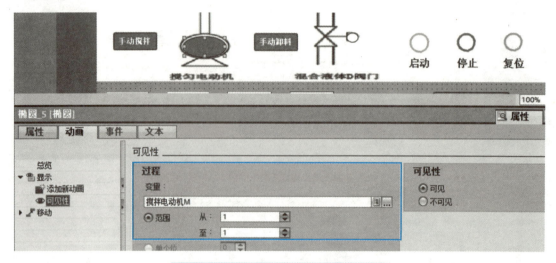

图2-4-35 电动机指示灯的可见性设计

同样，在工作区中，选中混合液体D阀门处圆，设置外观动画。依次单击"属性"→"动画"→"显示"选项，双击"添加新动画"选项，选择"外观"，在"变量"选项组中，将"名称"设置为"卸料阀YV4"，在"类型"选项组中，选中"范围"单选按钮。当卸料阀YV4为"0"时，该圆的背景色为透明，边框是黑色，不闪烁。当卸料阀YV4为"1"时，该圆的背景色和边框均与前面不同，闪烁情况可视设定的视觉效果情况而定，如图2-4-36所示。

以此类推，对其余指示灯属性和外观进行组态和外观设置。至此触摸屏画面制作完成，可以将其下载到触摸屏和PLC中进行测试。

图2-4-36 指示灯可见性设置

3. 下载调试

将编写好的 PLC 程序下载到 PLCSIM 中，并打开 WinCC 的触摸屏仿真画面，如图 2-4-37 所示。

图 2-4-37　仿真画面

（1）手动控制

按下欢迎界面的 F5 功能键，将画面切换到"控制画面"。切换为"手动操作"，启用手动控制功能。按下"手动 A 加料"按钮，液体 A 流入混料罐；按下"手动 B 加料"按钮，液体 B 流入混料罐；按下"手动 C 加料"按钮，液体 C 流入混料罐，如图 2-4-38 所示；按下"手动搅拌"按钮，液体开始搅拌，如图 2-4-39 所示；按下"手动卸料"按钮，液体 D 流出，如图 2-4-40 所示。

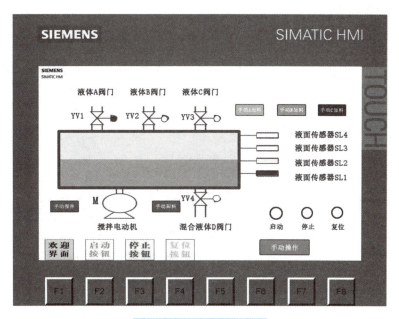

图 2-4-38　手动 A 加料

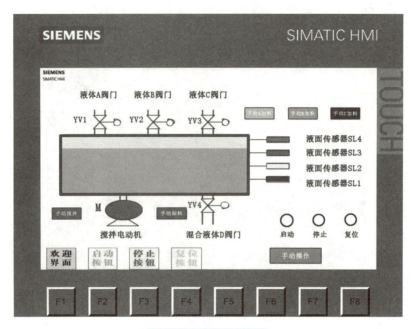

图 2-4-39 手动搅拌

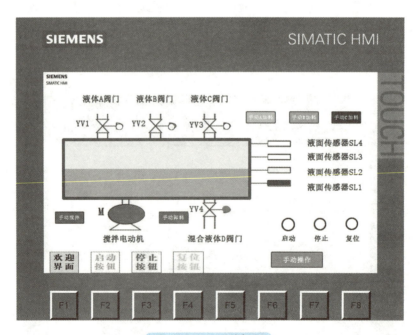

图 2-4-40 手动卸料

(2) 自动控制

切换为"自动操作",启用自动控制功能。按下启动按钮,装置开始按流程工作,液体 A

阀门打开，液体 A 流入，如图 2-4-41 所示。当液面到达 SL2 时，液体 A 阀门关闭，液体 B 阀门打开，如图 2-4-42 所示。当液面到达 SL3 时，液体 B 阀门关闭，液体 C 阀门打开，如图 2-4-43 所示。当液面到达 SL4 时，液体 C 阀门关闭，搅拌电动机开始转动，如图 2-4-44 所示。

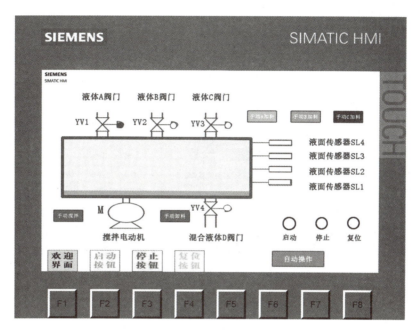

图 2-4-41　液体 A 阀门

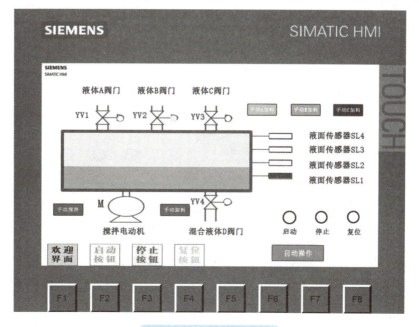

图 2-4-42　液体 B 阀门

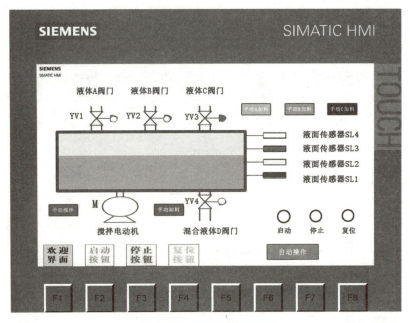

图 2-4-43 液体 C 阀门

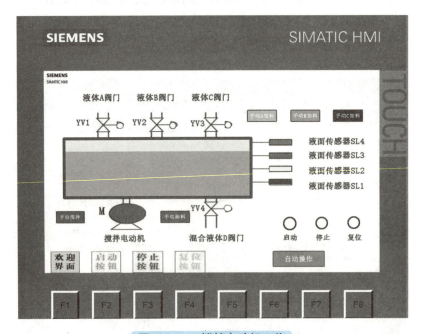

图 2-4-44 搅拌电动机工作

搅拌电动机工作 10s 后，停止搅动，混合液体阀门打开，开始放出混合液体，如图 2-4-45 所示。

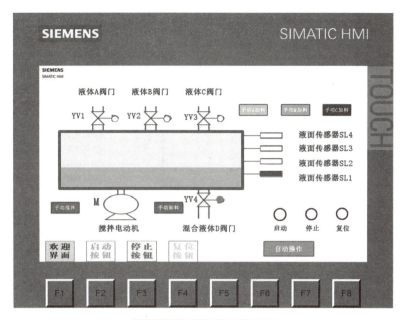

图 2-4-45 混合液体释放

当液面下降到 SL1 时,SL1 由接通变为断开,经过 5s 后,容器放空,混合液体阀门 YV4 关闭,接着开始下一个循环操作,如图 2-4-46 所示。按下停止按钮后,当前工作停止,按下复位按钮,系统回到初始状态,如图 2-4-47、图 2-4-48 所示。

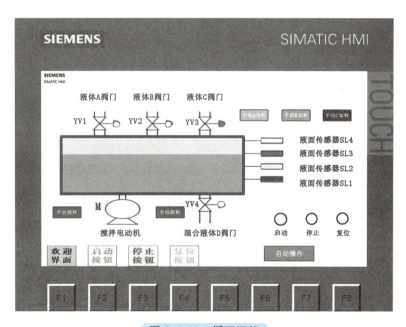

图 2-4-46 循环运行

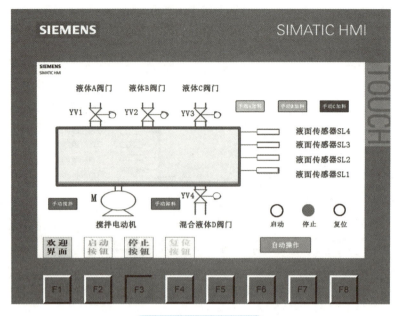

图 2-4-47 停止运行

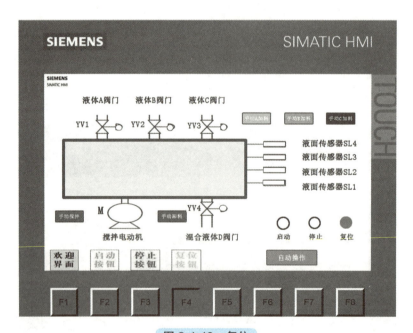

图 2-4-48 复位

2.4.4 拓展练习

随着社会经济的高速发展，城市规模不断扩大，公路交通的需求日益增加，人流高峰时期以及主要交通路段交通问题更为严重。因此交通灯控制系统的研究是一项迫切且有意义的事情。请自行设计十字路口交通灯的 PLC 控制和触摸屏画面，如图 2-4-49 所示，具体要求如下：

画面中创建一个日期时间域，要求采用系统时间格式。

① 通过启动按钮和停止按钮实现程序的运行和停止，其中，一个循环周期为60s。
② 南北方向：红灯亮25s，接着绿灯亮20s，然后绿灯闪烁3s（间隔0.5s），最后黄灯亮2s。
③ 东西方向：绿灯亮20s，接着绿灯闪烁3s（间隔0.5s），然后黄灯亮3s，最后红灯亮25s。
④ 利用I/O域实现倒计时，通过触摸屏画面显示控制状态报警。

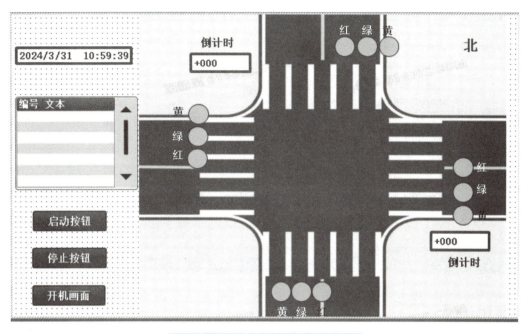

图 2-4-49　十字路口交通灯示意图

2.4.5　任务总结

1）根据任务要求，编写程序，在模板画面中实现画面切换，可以使用按钮组态，也可以使用开关组态。

2）通过HMI组态可对模拟液体混合实现手动和自动控制。容器中的液体采用棒图刻度标记当前数值。为了显示流畅的液位动画，在程序编写时使用加减计数实现液体的增加和减少。

2.4.6　任务训练

1. 在HMI的默认变量表中创建可以保存8个字符的字符型内部变量"变量2"。用输出域显示"变量2"，用按钮将汉字"精智面板"写入"变量2"，用仿真验证组态结果。

2. 组态一个只显示年、月、日的日期时间域，一个可以设置时间的日期时间域，一个使用自己的画面背景的时钟。用仿真验证组态结果。

3. 用一个按钮实现置位、复位开关量（ONOFF_1）的功能，要求按钮置位时按钮背景色为绿色，按钮复位时按钮背景色为灰色，并用报警窗口对操作进行确认。

4. 用两个按钮实现置位、复位开关量（ONOFF_2），按钮1置位，按钮2复位，要求按钮操作用报警窗口进行确认。

5. 如果在液体混料中添加液位超过某一特定值时产生一个偏高的报警，如何实现？

2.4.7 任务评价

请根据自己在本任务中的实际表现进行评价,见表 2-4-1。

表 2-4-1 任务评价表

项目	评分标准	分值	得分
接受工作任务	明确工作任务	5	
信息收集	博途软件和触摸屏相关知识及操作要点	15	
制定计划	工作计划合理可行,人员分工明确	10	
计划实施	掌握日期时间域和时钟组态的基本操作	20	
	能够根据任务要求编写 PLC 组织块和函数	10	
	能够熟练完成触摸屏属性和画面操作	10	
	能够使用 S7-PLCSIM 对任务进行仿真	20	
质量检查	按照要求完成相应任务	5	
评价反馈	经验总结到位,合理评价	5	
得分(满分 100)			

任务 5　手自动切换小车装卸料控制

学习目的:
1. 掌握西门子 PLC 手自动切换程序的编写;
2. 掌握触摸屏棒图、报警及移动动画效果的组态;
3. 掌握博途数据块的定义和调用;
4. 掌握博途函数块调用的应用;
5. 能够排查 PLC 程序或触摸屏画面故障。

2.5.1 任务描述

完成手自动切换小车装卸料控制,如图 2-5-1 所示。具体控制要求如下:

1)手动模式:小车初始位置在装料位,报警画面显示为"小车开始装料 5 秒",切换为手动操作,按下手动右行按钮,小车开始向右行驶,报警画面显示"小车开始右行"。

小车停止在卸料位,报警画面显示为"小车开始卸料 5 秒",按下手动左行按钮,小车开始向左行驶,报警画面显示"小车开始左行"。

2)自动模式:小车初始位置在装料位,切换为自动操作,按下启动按钮,报警画面显示为"小车开始装料 5 秒",装料时间 I/O 域开始进行 5s 计时,小车上显示装料动态画面;5s 时间到,小车开始右行,报警画面显示"小车开始右行"。

到达卸料位,卸料时间 I/O 域开始进行 5s 计时,小车上显示卸料动态画面,报警画面显示"小车开始卸料 5 秒";5s 时间到,小车开始左行,报警画面显示"小车开始左行"。

按下停止按钮,小车停止左右行和装卸料;按下初始化按钮,小车回到初始位置装料位。

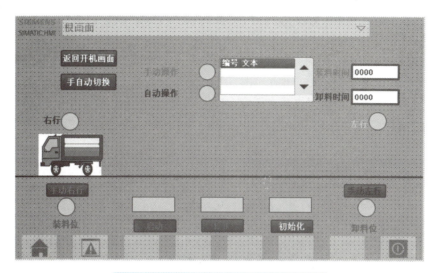

图 2-5-1 手自动切换小车装卸料控制

本任务使用的硬件主要有：

1）CPU 1214C DC/DC/DC，一台，订货号为 6ES7214-1AG40 0XB0。

2）HMI（人机界面），型号为 KTP700 Basic，订货号为 6AV2 123-2GB03-0AX0。

3）编程计算机，一台，已安装博途专业版软件。

4）四口工业交换机，一台。

2.5.2 知识储备

下面通过制作一个简易触摸屏动画实现直线移动的组态过程，熟悉触摸屏工具箱的使用，如图 2-5-2 所示。

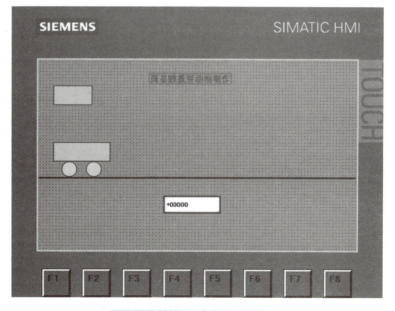

图 2-5-2 简易触摸屏动画制作

简易触摸屏动画制作

创建新项目，添加新设备 S7-1200 PLC(CPU 1214C DC/DC/DC)，订货号为 6ES7214-1AG40-0XB0；精简触摸屏 KTP700，订货号为 6AV2 123-2GB03-0AX0。PLC、触摸屏属性设置、创建网络连接的过程与 1.1.3 内容相同，在此不再赘述。

单击左侧"项目树"，选择"HMI_1"→"画面"→"添加新画面"，将画面 1 重命名为"简易触摸屏动画制作"。单击工具箱文本域符号，放置在画面顶部。单击"属性"→"常规"选项，修改文本为"简易触摸屏动画制作"，如图 2-5-3 所示。

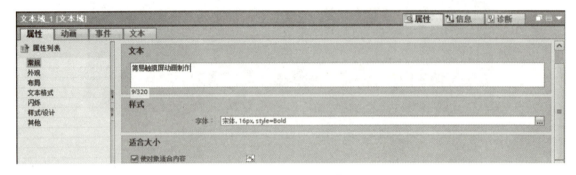

图 2-5-3　文本属性

在"样式"选项组中可以适当改变字体的字形和大小，如图 2-5-4 所示。单击"属性"→"外观"选项可以修改文本的背景、边框和文本颜色，如图 2-5-5 所示。

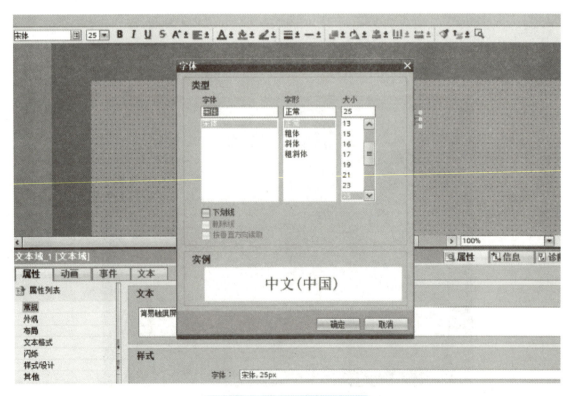

图 2-5-4　文本字体样式修改

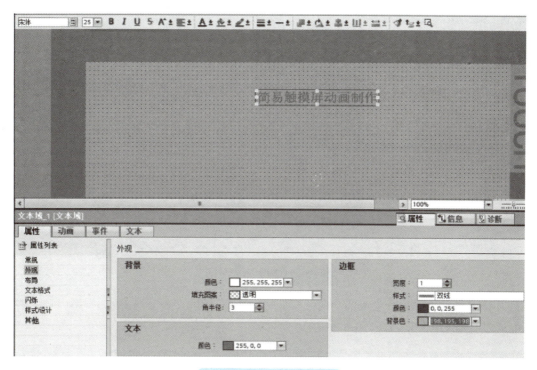

图 2-5-5　文本外观修改

在工具箱基本对象中拖拽"线",在画面下半部分画一条直线模拟水平线,如图 2-5-6 所示,单击"属性"修改该线的颜色和宽度。

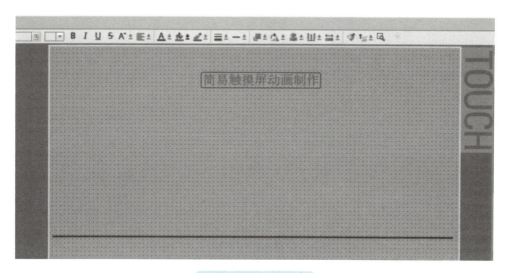

图 2-5-6　画线设置

在工具箱基本对象中拖拽"圆"到画面中,单击"属性"→"外观"选项,修改其大小和填充颜色,然后复制粘贴一个圆并调整位置。用相同的方法拖拽工具箱基本对象中的"矩形"到画面中,并调整其大小和填充颜色,使之成为一个模拟小车的形状。将以上三个图形全部选中,选择菜单栏"编辑"→"组合"→"组合"命令,使之成为一体,如图 2-5-7 所示。

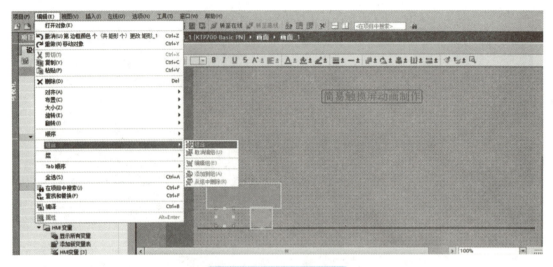

图 2-5-7　组合小车绘制

打开HMI默认变量表，生成两个内部变量"X位置"和"Y位置"，数据类型为Int（整型），连接形式为内部变量，如图 2-5-8 所示。

图 2-5-8　HMI 变量表

返回到画面，选中组合小车，单击"动画"→"移动"选项，双击"添加新动画"，选择"水平移动"，如图 2-5-9 所示。

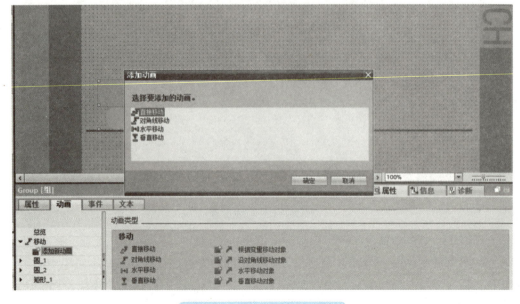

图 2-5-9　组合小车添加动画

设置水平移动的变量为"X位置",移动范围为0~360,画面中出现两个小车,左边深色小车是移动的初始位置,右边浅色小车是移动的结束位置,箭头表示小车移动的方向,用鼠标拖动深色小车则右边浅色小车跟随一起移动,修改X轴的"目标位置"为"300",然后按<Enter>键,则结束位置变为300,如图2-5-10所示。

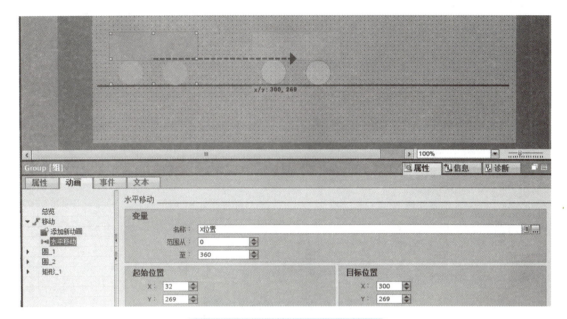

图2-5-10 组合小车水平移动动画

拖拽一个I/O域到画面中,用来显示变量X位置的值变化情况,选中I/O域,在"属性"→"常规"设置中将变量选为"X位置",类型模式为"输出",如图2-5-11所示。

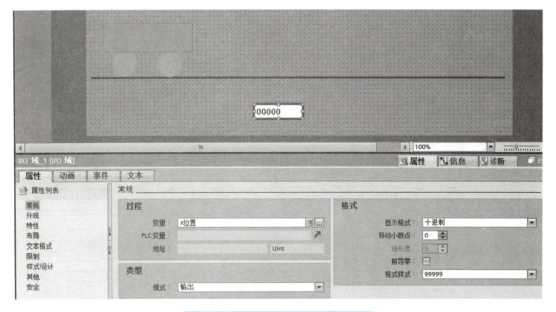

图2-5-11 X位置I/O域常规属性

打开 I/O 域动画，选择"显示"→"添加新动画"，选择"外观"，双击外观动画，外观变量选择"X 位置"，该变量取值范围有三段，不同的取值将有不同的背景色或者闪烁效果，当取值范围为 100～259 时，I/O 域闪烁，如图 2-5-12 所示。

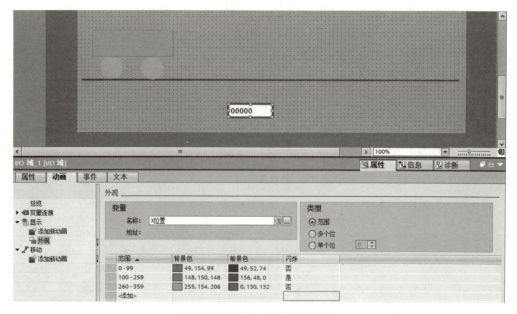

图 2-5-12　I/O 域外观动画

在工具箱中拖拽矩形到画面中，设置常规属性，选择"动画"→"移动"→"添加新动画"，选择"直接移动"。直接移动是指对象沿着 X 和 Y 坐标轴移动到特定位置，起始位置的坐标取决于矩形当前的位置，而偏移量由 X 位置和 Y 位置两个变量来控制，如图 2-5-13 所示。

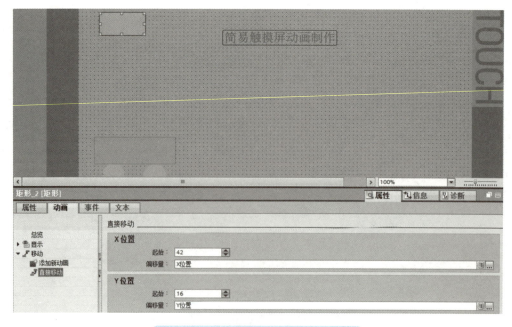

图 2-5-13　矩形框直接移动动画设置

选中矩形框,选择"动画"→"显示"→"添加新动画",在右侧的可见性界面中,设置变量为"X位置",控制矩形在0~300之间可见,超出300矩形就会消失,如图2-5-14所示。

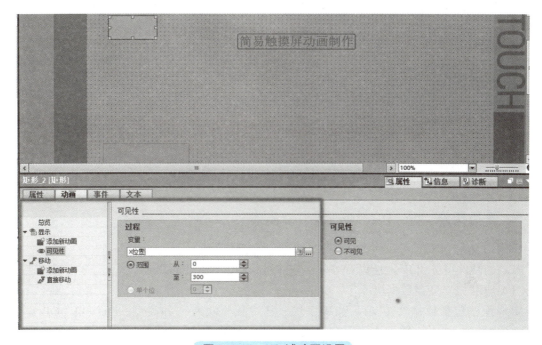

图2-5-14　I/O域动画设置

单击"项目树"中的HMI_1,执行"在线"→"仿真"→"使用变量仿真器"菜单命令,如图2-5-15所示。启动变量仿真器,在仿真器中创建变量X位置和Y位置,模拟为增量,X位置变换范围为0~360,Y位置变换范围为0~150,勾选"开始"复选框,可以实现动画效果,如图2-5-16所示。

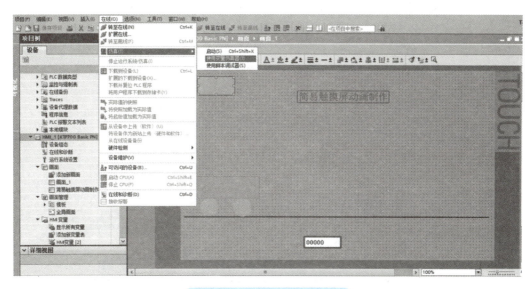

图2-5-15　启动在线仿真器

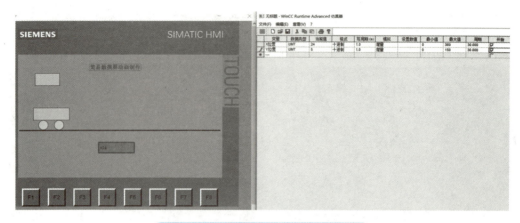

图 2-5-16 简易触摸屏动画效果仿真

2.5.3 任务实施

1. PLC 组态

PLC 的硬件组态和 IP 地址设置等内容与前述相同，在此不再赘述。

（1）创建 PLC 变量数据块

用户程序包括数据块（DB）和程序块，其中程序块有三种类型：组织块（OB）、函数（FC）和函数块（FB）。数据块用于存储程序数据，数据块中包含由用户程序使用的变量数据。本任务采用新建数据块来创建 PLC 的变量。

1）数据块的创建。在"项目树"中，依次单击"PLC_1[CPU 1214C DC/DC/DC]"→"程序块"选项，双击"添加新块"选项，选择"数据块（DB）"选项，并将其命名为"输入地址"，如图 2-5-17 所示，然后单击"确定"按钮。

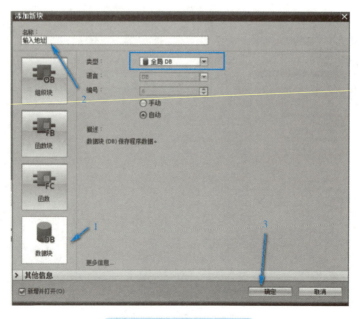

图 2-5-17 数据块的创建

这里注意数据块的类型为全局 DB。全局数据块存储所有其他块都可以使用的数据。每个组织块、函数或函数块都可以从全局数据块中读取数据或向其写入数据。数据块的大小因 CPU 的不同而各异。用户可以自定义全局数据块的结构，也可以选择使用 PLC 数据类型（UDT）作为创建全局数据块的模板。

2）数据块变量编辑。进入"输入地址"的工作区对数据块变量进行编辑，数据块变量编辑方法如图 2-5-18 所示。

输入地址							
名称	数据类型	偏移量	起始值	保持	可从 HMI/...	从 H...	在 HMI...
▼ Static							
启动按钮	Bool	0.0	false	□	☑	☑	☑
停止按钮	Bool	0.1	false	□	☑	☑	☑
初始化	Bool	0.2	false	□	☑	☑	☑
原点位	Bool	0.3	false	□	☑	☑	☑
装料位	Bool	0.4	false	□	☑	☑	☑
卸料位	Bool	0.5	false	□	☑	☑	☑
手自动切换	Bool	0.6	false	□	☑	☑	☑
小车左行	Bool	0.7	false	□	☑	☑	☑
小车右行	Bool	1.0	false	□	☑	☑	☑

图 2-5-18　数据块变量编辑方法

3）设置数据块访问模式。在数据块的"属性"选项卡中，依次选择"常规"→"属性"，设置数据块的访问模式，如图 2-5-19 所示。激活"优化的块访问"复选框，数据块为优化访问模式；取消勾选"优化的块访问"复选框，数据块为标准访问模式。优化访问的数据块仅为数据元素分配一个符号名称，而不分配固定地址，变量的存储地址是由系统自动分配的，变量无偏移地址。而标准访问的数据块不仅为数据元素分配一个符号名称，还分配固定地址，变量的存储地址在数据块中，每个变量的偏移地址均可见。

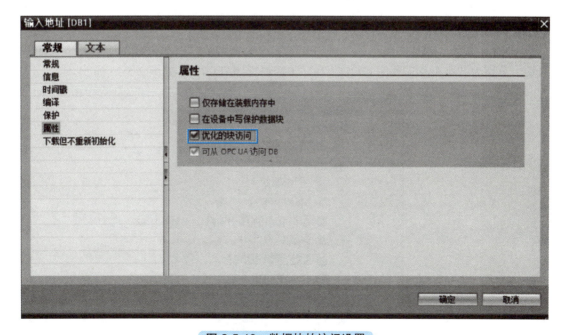

图 2-5-19　数据块的访问设置

注意数据块与位存储区的使用区别。数据块可以设置为优化的块访问，通过符号访问，不需要绝对地址，而位存储区一定会分配绝对地址。数据块是由用户定义的，而位存储区是已经在 CPU 中定义好的。数据块中可以创建基于系统数据类型和 PLC 数据类型的数据，而位存储区不可以创建基于系统数据类型和 PLC 数据类型的数据。

用相同的方法创建数据块"输出地址"，如图 2-5-20 所示，数据块"中间变量"如图 2-5-21 所示。

输出地址							
名称	数据类型	偏移量	起始值	保持	可从 HMI/...	从 H...	在 HMI ...
▼ Static							
右行继电器	Bool	0.0	false	□	☑	☑	☑
左行继电器	Bool	0.1	false	□	☑	☑	☑

图 2-5-20 数据块"输出地址"变量编辑

中间变量							
名称	数据类型	偏移量	起始值	保持	可从 HMI/...	从 H...	在 HMI ...
▼ Static							
小车移动	Int	0.0	0	□	☑	☑	☑
报警变量	Word	2.0	16#0	□	☑	☑	☑
装卸料液位	Int	4.0	0	□	☑	☑	☑
小车装料	Bool	6.0	false	□	☑	☑	☑
小车右行	Bool	6.1	false	□	☑	☑	☑
小车左行	Bool	6.2	false	□	☑	☑	☑
小车卸料	Bool	6.3	false	□	☑	☑	☑
装料时间	Time	8.0	T#0ms	□	☑	☑	☑
卸料时间	Time	12.0	T#0ms	□	☑	☑	☑

图 2-5-21 数据块"中间变量"变量编辑

（2）编写 PLC 程序

1）创建函数块。选择"项目树"→"PLC_1"→"程序块"，单击"添加新块"。创建两个函数块，分别为"小车移动程序 [FC1]"和"装卸料程序 [FC2]"，如图 2-5-22 所示。

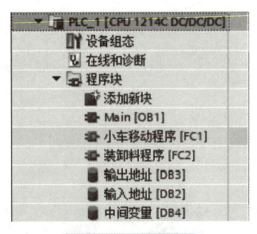

图 2-5-22 创建函数块

2）编写 Main[OB1] 程序。Main[OB1] 工作流程图及程序如图 2-5-23 所示。

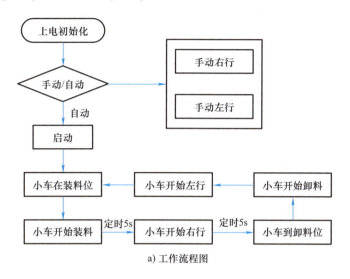

a) 工作流程图

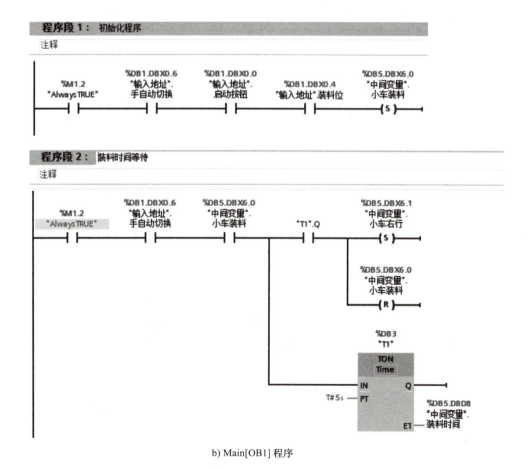

b) Main[OB1] 程序

图 2-5-23　Main[OB1] 工作流程图及程序

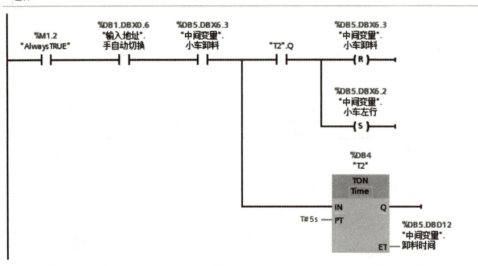

b) Main[OB1] 程序（续）

图 2-5-23　Main[OB1] 工作流程图及程序（续）

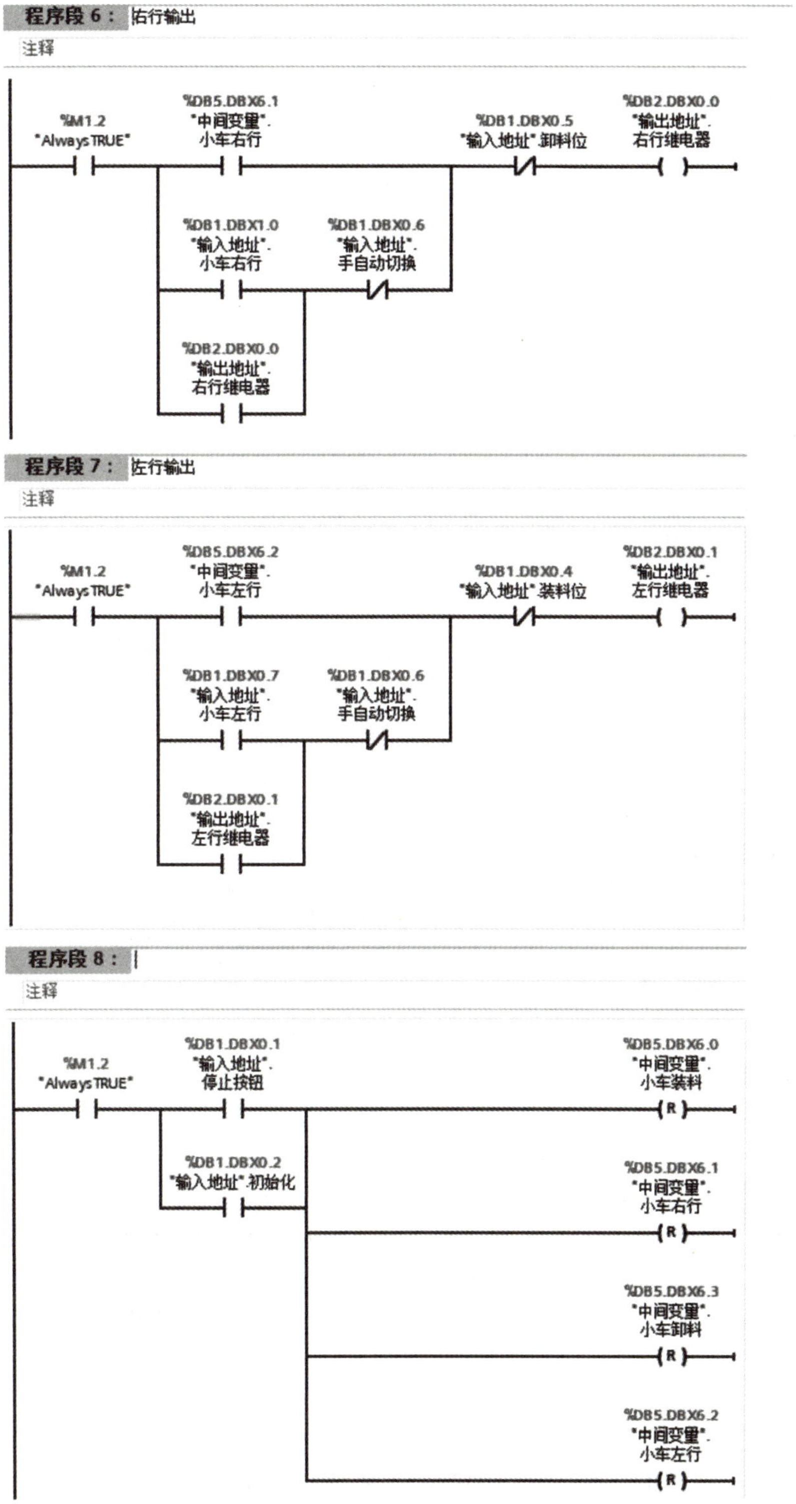

程序段 6：右行输出
注释

程序段 7：左行输出
注释

程序段 8：
注释

b) Main[OB1] 程序（续）

图 2-5-23　Main[OB1] 工作流程图及程序（续）

程序段 9:

注释

```
    %M0.5          %FC3
   "Clock_1Hz"    "小车移动程序"
      ─│P│───────┤EN      ENO├──
    %M110.0
    "Tag_1"
```

程序段 10:

注释

```
              %FC1
            "装卸料程序"
       ───┤EN      ENO├──
```

程序段 11: 装料位报警

注释

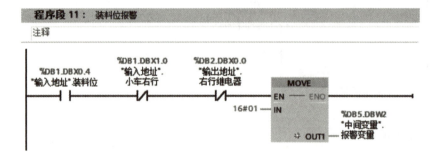

程序段 12: 卸料位报警

注释

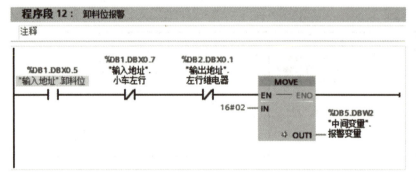

b) Main[OB1] 程序（续）

图 2-5-23　Main[OB1] 工作流程图及程序（续）

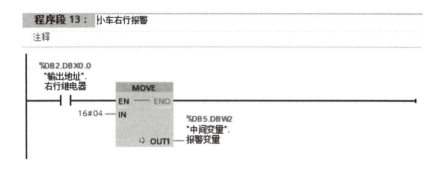

b) Main[OB1] 程序（续）

图 2-5-23　Main[OB1] 工作流程图及程序（续）

编写小车移动程序 [FC1]，如图 2-5-24 所示。

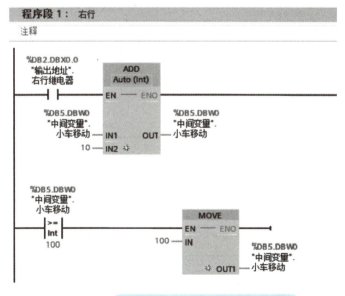

图 2-5-24　小车移动程序 [FC1]

图 2-5-24 小车移动程序 [FC1]（续）

编写装卸料程序 [FC2]，如图 2-5-25 所示。

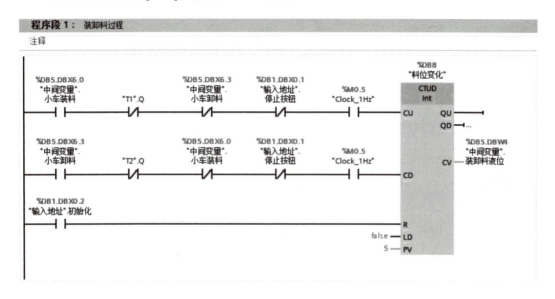

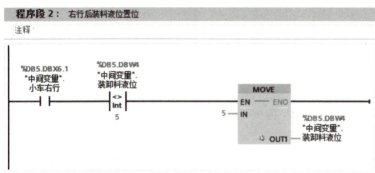

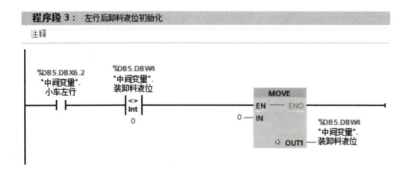

图 2-5-25　装卸料程序 [FC2]

2.触摸屏画面组态

组态触摸屏、触摸屏属性设置、创建网络连接的过程与前节内容相同，在此不再赘述。

（1）创建变量表

在"项目树"窗格中，依次选择"HMI_1[KTP600 Basic J"→"HMI 变量"选项，双击"添加新变量表"选项。HMI 变量表如图 2-5-26 所示。

HMI变量表

名称	数据类型	连接	PLC 名称	PLC 变量
Tag_ScreenNumber	UInt	<内部变量>		<未定义>
中间变量_卸料时间	Time	HMI_连接_1	PLC_1	中间变量.卸料时间
中间变量_小车移动	Int	HMI_连接_1	PLC_1	中间变量.小车移动
中间变量_报警变量	Word	HMI_连接_1	PLC_1	中间变量.报警变量
中间变量_装卸料液位	Int	HMI_连接_1	PLC_1	中间变量.装卸料液位
中间变量_装料时间	Time	HMI_连接_1	PLC_1	中间变量.装料时间
卸料时间	Time	HMI_连接_1	PLC_1	中间变量.卸料时间
小车移动	Int	HMI_连接_1	PLC_1	中间变量.小车移动
报警变量	Word	HMI_连接_1	PLC_1	中间变量.报警变量
装料时间	Time	HMI_连接_1	PLC_1	中间变量.装料时间
输入地址_停止按钮	Bool	HMI_连接_1	PLC_1	输入地址.停止按钮
输入地址_初始化	Bool	HMI_连接_1	PLC_1	输入地址.初始化
输入地址_卸料位	Bool	HMI_连接_1	PLC_1	输入地址.卸料位
输入地址_原点位	Bool	HMI_连接_1	PLC_1	输入地址.原点位
输入地址_启动按钮	Bool	HMI_连接_1	PLC_1	输入地址.启动按钮
输入地址_小车右行	Bool	HMI_连接_1	PLC_1	输入地址.小车右行
输入地址_小车左行	Bool	HMI_连接_1	PLC_1	输入地址.小车左行
输入地址_手自动切换	Bool	HMI_连接_1	PLC_1	输入地址.手自动切换
输入地址_装料位	Bool	HMI_连接_1	PLC_1	输入地址.装料位
输出地址_右行继电器	Bool	HMI_连接_1	PLC_1	输出地址.右行继电器
输出地址_左行继电器	Bool	HMI_连接_1	PLC_1	输出地址.左行继电器

图 2-5-26　HMI 变量表

在“项目树”中，选择“HMI_1[KTP700 Basic PN]”→“画面”选项，将“根画面”重命名为“开机画面”。双击“添加新画面”，然后单击鼠标右键，将画面重命名为“控制画面”。

（2）组态开机画面

在“项目树”中，选择“HMI_1[KTP700 Basic PN]”→“画面”选项，双击“开机画面”选项，进入画面制作视图。

将工具箱中的“基本视图”→“图形视图”拖拽到画面，单击“属性”→“常规”→“从文件创建新图形”按钮，如图 2-5-27 所示。将硬盘中的图片添加到图形视图中，并调整大小。将工具箱中的“文本域”拖拽到画面，修改文本为“手自动切换小车装卸料模拟控制”，在“样式”选项组中对文本字体进行修改，选中“文本域”将其调整到适当位置，如图 2-5-28 所示。

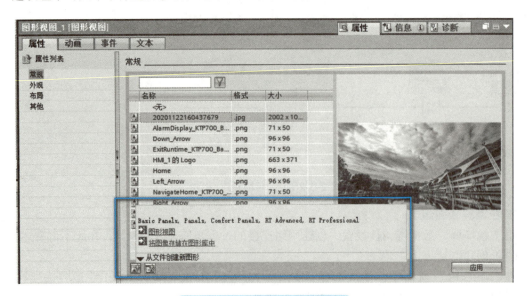

图 2-5-27　开机画面图形视图

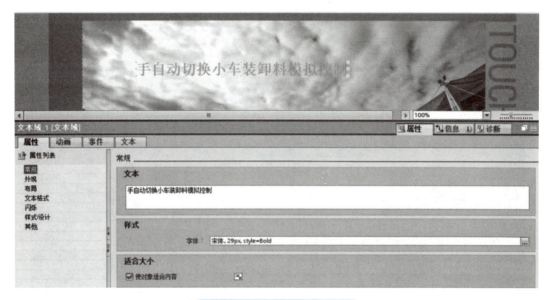

图 2-5-28　开机画面文本域

在右侧的"工具箱"中找到"元素"→"按钮"对象，然后将"按钮"拖拽到工作区。在工作区中，选中"按钮"，依次单击其巡视窗格的"属性"→"常规"选项，修改标签文本为"进入控制画面"，选中按钮，依次选择"属性"→"事件"→"单击"→"添加函数"→"画面"→"激活屏幕"，"画面名称"输入"控制画面"，如图 2-5-29 所示，开机画面设置完毕，如图 2-5-30 所示。

图 2-5-29　开机画面切换按钮

在左侧"项目树"中选中"HM1"→"画面"→"开机画面"，单击鼠标右键，在弹出的快捷菜单中选中"定义为起始画面"，如图 2-5-31 所示。

图 2-5-30 开机画面

（3）组态图形视图

双击"控制画面"进入画面编辑状态，在右侧的"工具箱"中选择"基本对象"→"图形视图"，然后将"图形视图"拖拽到画面工作区。单击图形视图的"属性"→"常规"选项，单击"从文件创建新图形"选项，找到计算机上的小车图形文件，选中添加到画面中，如图 2-5-32 所示。

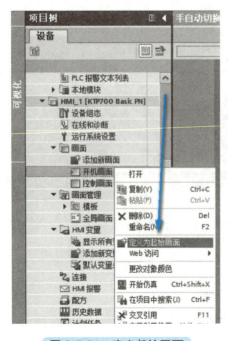

图 2-5-31 定义起始画面

图 2-5-32 图形视图的组态

依次选择小车图形视图"属性"→"动画"→"移动"→"添加新动画"→"水平移动",起始位置为X48,Y233,目标位置为X620,Y233。链接变量为"中间变量_小车移动",范围为0~100,如图2-5-33所示。这意味着在X位置48~620之间,中间变量每加1,小车的位置就在X轴的位置上移动(620-48)/100。

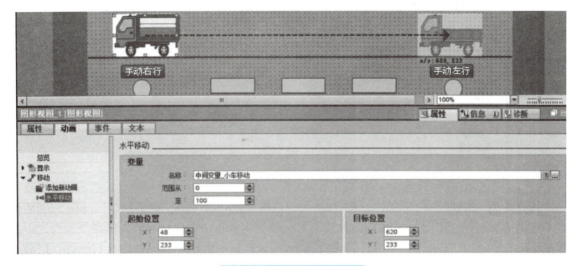

图2-5-33 小车移动动画

(4)组态棒图

在右侧的"工具箱"中找到"元素"→"棒图",然后将"棒图"拖拽到工作区中小车处。选择"棒图"→"常规"选项,在"过程"选项组中将最大刻度值设为5,最小刻度值设为0,过程变量为"中间变量_装卸料液位",如图2-5-34所示。

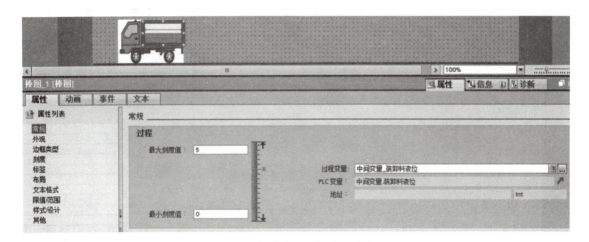

图2-5-34 小车棒图组态

为了更直观地模拟装卸料变化,选择"棒图"→"属性"→"刻度"选项,取消勾选"显示刻度",如图2-5-35所示。

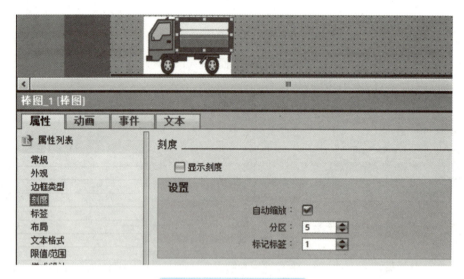

图 2-5-35 棒图刻度设置

选择棒图"属性"→"动画"→"移动"→"添加新动画"→"水平移动"选项,在 Y 位置不变的情况下保证棒图的 X 轴起始位置与目标位置的差与小车保持一致,链接变量为"中间变量_小车移动",范围为 0~100,如图 2-5-36 所示。还可以将小车与棒图进行组合,形成一个 GROUP,这样只需要将组合图形设置水平移动动画就可以了。

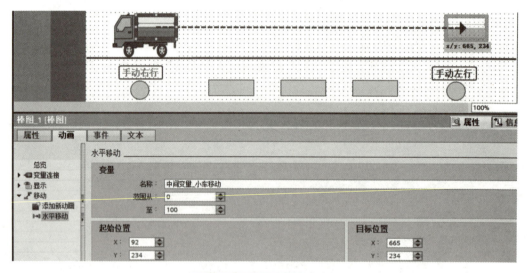

图 2-5-36 棒图移动动画

(5) 组态按钮

1) 组态手自动切换按钮。在右侧的"工具箱"中找到"元素"→"按钮",然后将"按钮"拖拽到工作区。在工作区中,选中"按钮",依次单击其巡视窗格的"属性"→"常规"→"文本"选项,修改为"手自动切换"。选择按钮"属性"→"事件"→"单击"→"添加函数"→"编辑位"→"取反位",变量(输入/输出)链接 HMI 变量"输入地址_手自动切换",如图 2-5-37 所示。

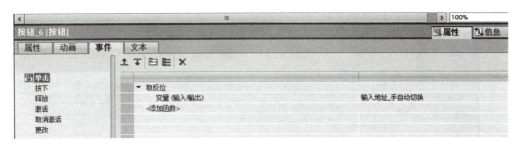

图 2-5-37　手自动切换按钮组态

2）组态画面切换按钮。在右侧的"工具箱"中找到"元素"→"按钮"，然后将"按钮"拖拽到工作区。在工作区中，选中"按钮"，将按钮文本修改为"开机画面"。选择按钮"属性"→"事件"→"单击"→"添加函数"→"激活屏幕"，"画面名称"为"开机画面"，如图 2-5-38 所示。

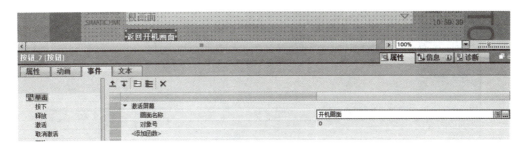

图 2-5-38　切换回开机画面按钮组态

3）组态启停按钮。在右侧的"工具箱"中找到"元素"→"按钮"，然后将"按钮"拖拽到工作区。在工作区中，选中"按钮"，依次修改标签文本为"启动""停止""初始化""手动右行""手动左行"，并设置按钮"属性"→"事件"→"按下"/"释放"命令，对按钮进行链接对应变量配置，如图 2-5-39～图 2-5-43 所示。

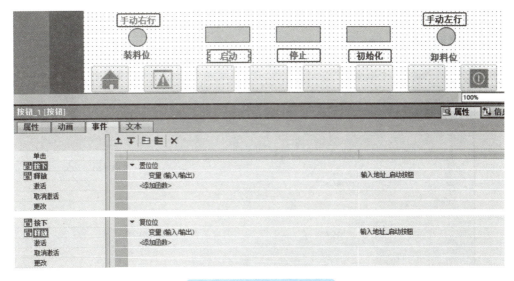

图 2-5-39　启动按钮组态

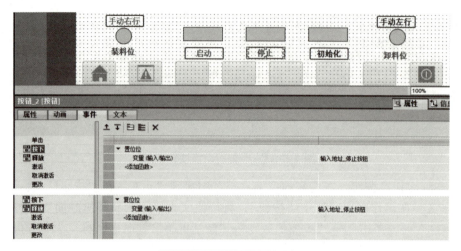

图 2-5-40　停止按钮组态

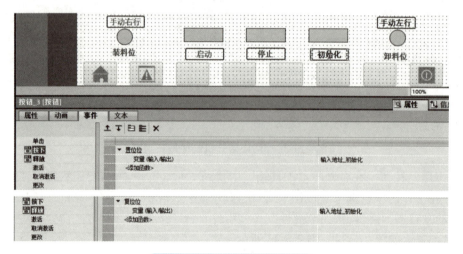

图 2-5-41　初始化按钮组态

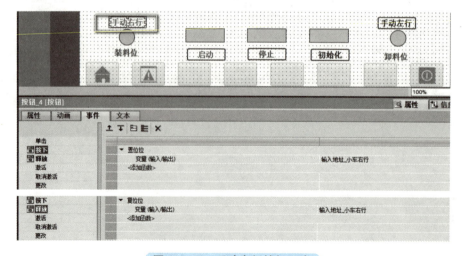

图 2-5-42　手动右行按钮组态

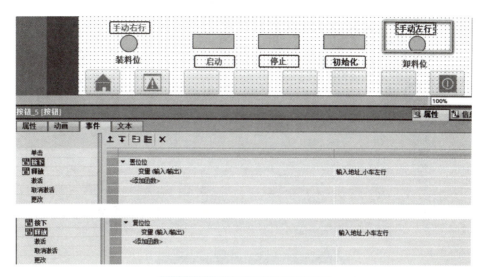

图 2-5-43　手动左行按钮组态

（6）组态指示灯和文本域

在右侧的"工具箱"中找到"基本对象"→"圆"，然后将"圆"拖拽到工作区，并找到"基本对象"→"文本域"，依次修改文本内容为左行、右行、装料位、卸料位、手动操作和自动操作，以代表指示灯。首先组态装料位指示灯，选中用于代表装料位的指示灯，选择"属性"→"动画"→"显示"→"添加新动画"→"外观"，变量名称为"输入地址_装料位"，修改变量为 0 和 1 时的背景色，以显示指示灯的亮灭效果，如图 2-5-44 所示。用相同的方法将其他几个功能指示灯进行组态。

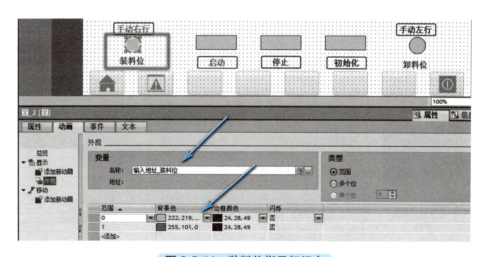

图 2-5-44　装料位指示灯组态

（7）组态时间 I/O 域

在右侧的"工具箱"中找到"基本对象"→"文本域"，然后将"文本域"拖拽到工作区。用同样的方法找到"元素"→"I/O 域"，然后将"I/O 域"拖拽到工作区，在工作区中，选中"I/O 域"，选择"属性"→"常规"选项，修改"过程"选项组中的"变量"为"中间变量_装料时间"，如图 2-5-45 所示。

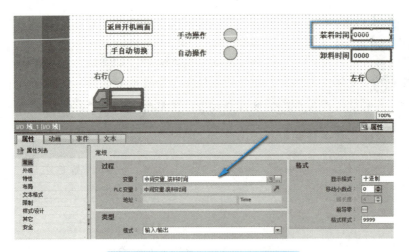

图 2-5-45　添加 I/O 域并设置属性

（8）组态离散量报警

在左侧“项目树”中选中“HMI”→“HMI 报警”并双击打开，新建四个报警类型，如图 2-5-46 所示。在数据块“中间变量”中已经创建了一个双字节的“报警变量”，偏移量为 2，也就是一个报警变量占用两个字节的空间。“小车装料”触发位为 0，也就是该变量的第 0 位置位就会启动该报警类型。因为该变量类型为 WORD，占两个字节共 16 位，因此在 PLC 程序中使用 MOVE 指令给该变量赋值十六进制数 01H。

离散量报警

ID	名称	报警文本	报警类别	触发变量	触发位	触发器地址	HMI 确认变量	HMI ...	HMI 确认地址
1	小车装料	小车开始装料	Warnings	中间变量_...	0	中间变量.报...	<无变量>	0	
2	小车卸料	小车开始卸料	Warnings	中间变量_...	1	中间变量.报...	<无变量>	0	
3	小车右行	小车开始右行	Warnings	中间变量_...	2	中间变量.报...	<无变量>	0	
4	小车左行	小车开始左行	Warnings	中间变量_...	3	中间变量.报...	<无变量>	0	

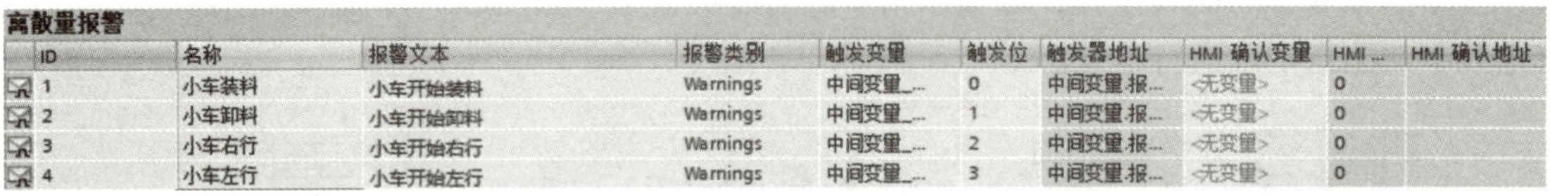

图 2-5-46　HMI 离散量报警

在右侧的“工具箱”中找到“控件”→“报警视图”，然后将其拖拽到工作区，选中“报警视图”→“属性”→“列”，对报警视图进行设置，如图 2-5-47 所示。

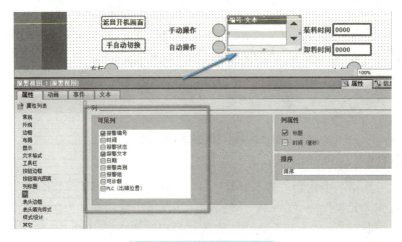

图 2-5-47　报警视图组态

至此触摸屏画面制作完成，可以将其下载到触摸屏和 PLC 中进行测试。

3. 下载调试

将编写好的 PLC 程序下载到 PLCSIM 中，并打开 WinCC 的触摸屏仿真画面。仿真开始进入开机画面，单击"进入控制画面"按钮，进入控制界面。

（1）手动模式

小车初始位置在装料位，报警画面显示为"小车开始装料"，如图 2-5-48 所示。切换手自动按钮为"手动操作"，按下"手动右行"按钮，小车开始向右行驶，报警画面显示"小车开始右行"，如图 2-5-49 所示。小车停止在卸料位，报警画面显示为"小车开始卸料"，如图 2-5-50 所示。按下"手动左行"按钮，小车开始向左行驶，报警画面显示"小车开始左行"，如图 2-5-51 所示。

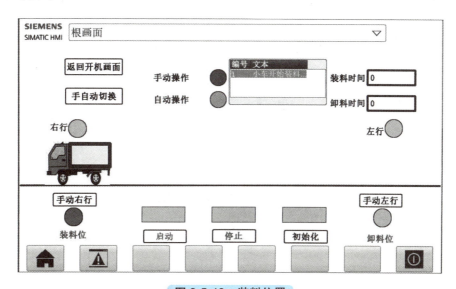

图 2-5-48　装料位置

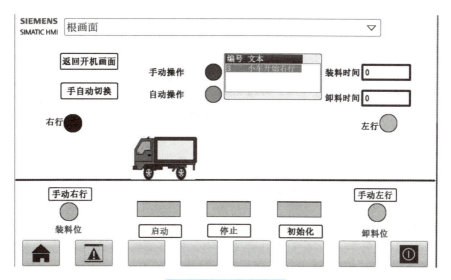

图 2-5-49　手动右行

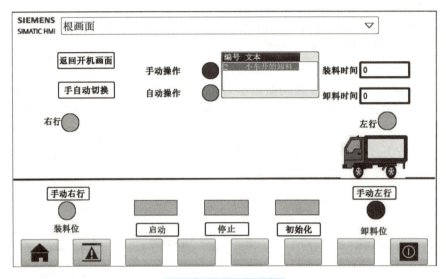

图 2-5-50 卸料位置

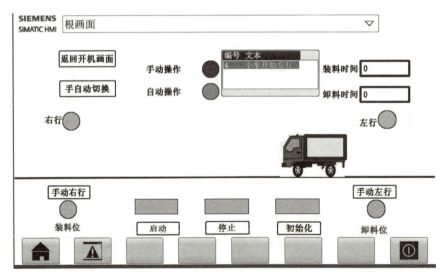

图 2-5-51 手动左行

（2）自动模式

小车初始位置在装料位，切换手自动按钮为"自动操作"，按下启动按钮，报警画面显示为"小车开始装料"，装料时间 I/O 域开始进行 5s 计时，小车上显示装料动态画面，如图 2-5-52 所示。5s 时间到，小车开始右行，报警画面显示"小车开始右行"，如图 2-5-53 所示。到达卸料位，卸料时间 I/O 域开始进行 5s 计时，小车上显示卸料动态画面，报警画面显示"小车开始卸料"，如图 2-5-54 所示，5s 时间到，小车开始左行，报警画面显示"小车开始左行"，如图 2-5-55 所示。如此循环往复。

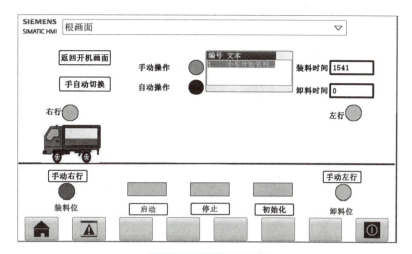

图 2-5-52　自动装料

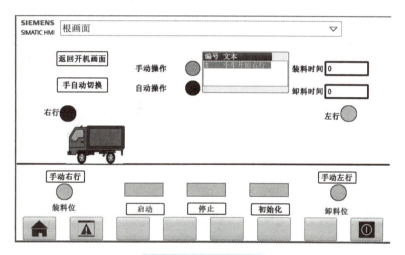

图 2-5-53　自动右行

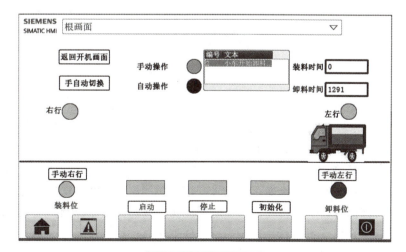

图 2-5-54　自动卸料

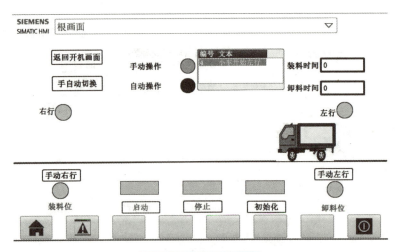

图 2-5-55　自动左行

按下"停止"按钮，小车停止左右行和装卸料；按下"初始化"按钮，小车回到初始位置装料位，如图 2-5-56 所示。

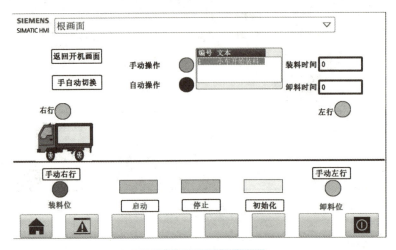

图 2-5-56　系统初始化

2.5.4　拓展练习

电梯的运行是一个复杂的过程，如图 2-5-57 所示，为了实现安全、方便、舒适、高效和自动化运行，除了需要良好的拖动系统之外，还必须要有一套完整、可靠的控制系统。

电梯信号控制系统输入到 PLC 的控制信号有：运行控制、内呼梯、外呼梯、安全保护、开关门及限位或平层信号等；输出控制信号有：楼层显示、呼梯及选层指示、方向指示、开关门控制等。信号控制系统的所有功能如召唤信号登记、轿厢位置判断、选层定向、顺向截梯、反向截梯、消号及反向保号、平层、开关门、电梯优先服务均为程序控制。请根据之前学习的知识设计一个四层电梯的 PLC 和触摸屏控制系统并模拟仿真，具体控制要求如下：

① 初始化时，电梯处于第一层。当有外呼梯信号到来时，电梯响应该呼梯信号，到达该楼层时，电梯停止运行，电梯门打开，延时 3s 后自动关门。

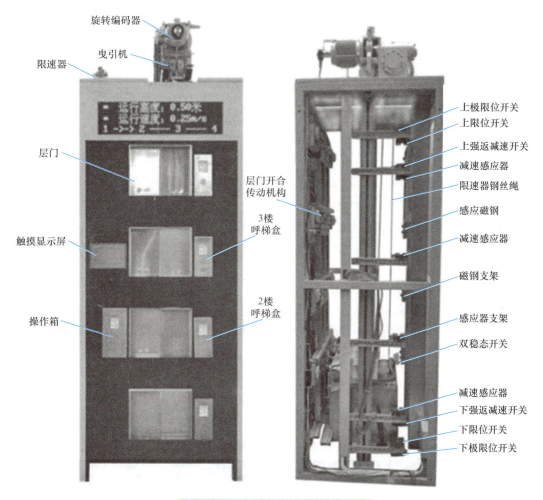

图 2-5-57 电梯设备各部件示意图

② 当有内呼梯信号到来时，电梯响应该呼梯信号，到达该楼层时，电梯停止运行，电梯门打开，延时 3s 后自动关门。

③ 电梯运行时，电梯上升（或下降）途中，任何反方向下降（或上升）的外呼梯信号均不响应。

④ 电梯应具有最远反向外呼梯响应功能，例如：电梯在一楼，而同时有二层向下外呼梯、三层向下外呼梯、四层向下外呼梯时，则电梯先去四楼响应四层向下外呼梯信号。

⑤ 电梯未平层或运行时，开门按钮和关门按钮均不起作用。平层且电梯停止运行后，按开门按钮电梯门打开，按关门按钮电梯门关闭。

2.5.5 任务总结

1）如果取消勾选数据块属性设置中的"优化的块访问"复选框，则在数据块中可以看到"偏移量"列，并且系统在编译之后会在该列生成每个变量的地址偏移量。设置成优化访问的数据块则无此列。默认情况下会有一些变量属性列未被显示出来，可以通过鼠标右键单击任意列标题，然后可在弹出的快捷菜单中选择显示被隐藏的列。

2）TIA Portal 有非常强大的动画功能，几乎可以对每一个画面对象设置各种动画功能。如果需要将多个画面对象设置成同一种动画，可以将对象组合。

3）移动动画功能包括直接移动、对角线移动、水平移动和垂直移动。某一个对象设置了移动动画功能后，就不能再设置其他的移动功能。

2.5.6 任务训练

1. 组态用来显示变量"液位"的变量表，标题为"液位"，单位为 cm，范围为 0~250，显示峰值，上限 1 为 150，上限 2 为 200。

2. 取消勾选数据块"优化的块访问"复选框有什么作用？

3. 创建某数据块的编号为 DBX0.0，X 表示什么？0.0 表示什么？数据类型是什么？

4. 运用所学到的知识完成一盏灯的闪烁控制：按下启动按钮，灯亮 2s，灭 4s。如此反复。按下停止按钮，灯熄灭。设计按钮组态、指示灯组态、I/O 域组态、报警组态等，在触摸屏上仿真验证。

5. 运用所学到的知识完成十字路口交通灯控制：按下启动按钮，信号灯系统开始工作，且先南北红灯亮，然后东西绿灯亮。按下停止按钮，所有的信号灯全部熄灭。工作时绿灯亮 25s，并闪烁 3 次（即 3s），黄灯亮 2s，红灯亮 30s。设计按钮组态、指示灯组态、I/O 域组态、报警组态等，在触摸屏上仿真验证。

2.5.7 任务评价

请根据自己在本任务中的实际表现进行评价，见表 2-5-1。

表 2-5-1 任务评价表

项目	评分标准	分值	得分
接受工作任务	明确工作任务	5	
信息收集	博途软件和触摸屏相关知识及操作要点	15	
制定计划	工作计划合理可行，人员分工明确	10	
计划实施	掌握 WinCC 直线运动动画操作	20	
	能够根据任务要求编写 PLC 程序块和函数	10	
	能够熟练完成触摸屏属性和画面操作	10	
	能够使用 S7-PLCSIM 对任务进行仿真	20	
质量检查	按照要求完成相应任务	5	
评价反馈	经验总结到位，合理评价	5	
得分（满分 100）			

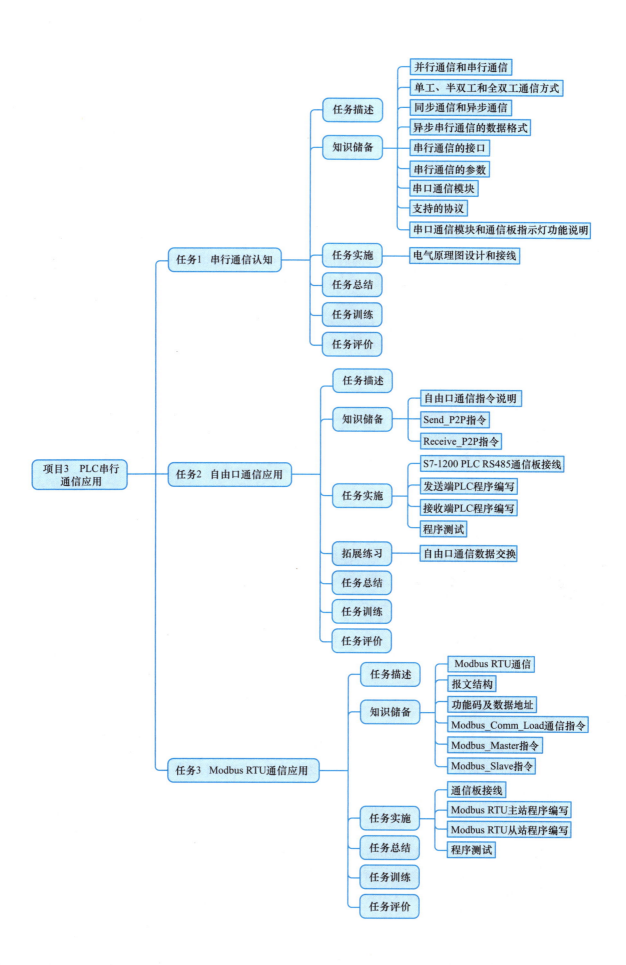

项目 3 PLC 串行通信应用

串行通信是目前工业常用且经济的通信方式，主要用于数据量小、实时性要求不高的场合。PLC 通过串行通信可以连接扫描仪、打印机、称重仪和变频器等设备。

任务 1　串行通信认知

学习目的：
1. 掌握串行通信的基础知识、概念；
2. 了解常用的串行通信接口类型；
3. 掌握西门子 S7-1200 PLC 常用的串行通信模块及协议。

3.1.1　任务描述

串行通信认知

两台 S7-1200 PLC 进行串行通信，一台 PLC 作为发送端，另一台 PLC 作为接收端。完成设备的电气原理图设计和硬件接线。

本任务使用的硬件主要有：
1）CPU 1214C DC/DC/DC，两台，订货号为 6ES7214-1AG40-0XB0。
2）CM1241 RS485，两台，订货号为 6ES7241-1CH30-0XB0。
3）编程计算机，一台，已安装博途专业版软件。

3.1.2　知识储备

1. 并行通信和串行通信

（1）并行通信

并行通信是以字节或者字为单位的数据传输方式，需要多根数据线和控制线，虽然传输速度比串行通信的传输速度快，但由于信号容易受到干扰，所以并行通信在工业应用中很少使用。

（2）串行通信

串行通信是以二进制位为单位的数据传输方式，每次只传送 1 个二进制位，最多只需要两根传输线即可完成数据传送，适用于远距离通信。由于抗干扰能力较强，所以其通信距离可以达到几千米，在工业自动化控制应用中，通常都会选择串行通信方式。串行通信按照数据流的方向分为单工、半双工和全双工三种方式，按照传输数据格式分为同步通信和异步通信两种模式。PLC 串行通信的电气接口主要分为 RS232、RS422 和 RS485 三种类型，其中 RS232 和

RS485 是最常用的两种类型。

2. 单工、半双工和全双工通信方式

数据只能单向传送的为单工，数据能双向传送但不能同时双向传送（同一时刻只能单向传送）的为半双工，数据能同时双向传送的为全双工。

3. 同步通信和异步通信

同步通信是在进行数据传输时，发送和接收双方要保持完全同步。因此，要求接收设备和发送设备必须使用同一时钟。异步通信是不需要使用同一时钟的，接收方不知道发送方什么时候发送数据，因此，在发送的信息中，必须有提示接收方开始接收的信息，如有起始位和停止位等。工业自动化控制中涉及串行通信的设备主要使用的是异步通信方式。

4. 异步串行通信的数据格式

异步串行通信是逐个字符进行传递的，每个字符也是逐位进行传递的，字符之间没有固定的时间间隔要求。每个字符的前面必须有起始位；字符由 7 或 8 位数据位组成；数据位后面可设一位校验位，校验位可以是奇数校验位、偶数校验位，也可以无校验位；最后是停止位，停止位后面是不定时长的空闲位。起始位规定为低电平，停止位和空闲位规定为高电平，见表 3-1-1。

表 3-1-1　异步串行通信的数据格式

起始位	一个完整串行数据帧（字符） 8 位数据								校验位	停止位
0	b0	b1	b2	b3	b4	b5	b6	b7		1

5. 串行通信的接口

按电气标准分类，串行通信的接口包括 RS232、RS422 和 RS485 接口，其中 RS232 和 RS485 接口比较常用。

（1）RS232 接口

RS232 接口是 PLC 与仪器仪表等设备连接的一种串行接口，它以全双工方式工作，需要发送线、接收线和地线三条线。RS232 只能实现点对点通信。逻辑"1"电平为 -15～-5V，逻辑"0"电平为 5～15V。通常 RS232 接口以 9 针 D 形接头出现，其接线图如图 3-1-1 所示。

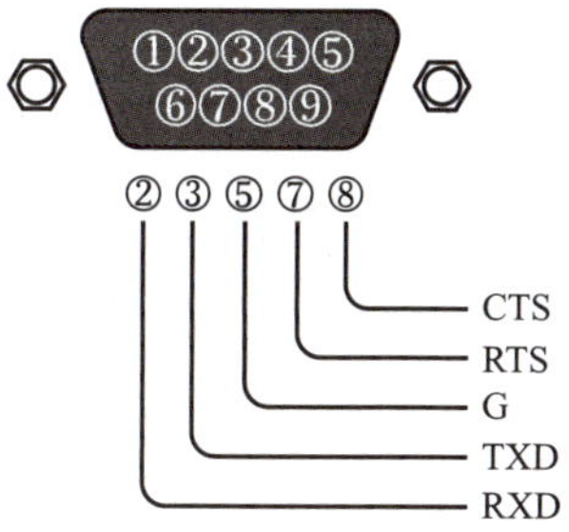

（2）RS485 接口

RS485 接口是 PLC 与仪器仪表等设备连接的一种串行接口，采用两线制方式，组成半双工通信网络。在 RS485 通信网络中一般采用主从通信方式，即一个主站带多个从站，RS485 采用差分信号，逻辑"1"的电平为 2～6V，逻辑"0"的电平为 -6～-2V，其网络图如图 3-1-2 所示。需要在总线电缆的开始和末端都并接终端电阻，终端电阻阻值为 120Ω。

图 3-1-1　RS232 接线图

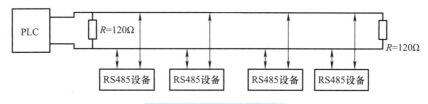

图 3-1-2　RS485 网络图

（3）RS232 接口与 RS485 接口的区别

① 从电气特性上，RS485 接口信号电平比 RS232 接口信号电平低，不易损坏接口电路。

② 从接线上，RS232 是三线制，RS485 是两线制。

③ 从传输距离上，RS232 传输距离最长约为 15m，RS485 传输距离可以达到 1000m 以上。

④ 从传输方式上，RS232 是全双工传输，RS485 是半双工传输。

⑤ 从协议层上，RS232 一般针对点对点通信使用，而 RS485 支持总线形式的通信，即一个主站带多个从站（建议不超过 32 个从站）。

6. 串行通信的参数

串行通信网络中设备的通信参数必须匹配，以保证通信正常。通信参数主要包括波特率、数据位、停止位和奇偶校验位。

（1）波特率

波特率（bit per second，bit/s）是表征通信速度的参数，表示每秒钟传送位的个数。例如，300bit/s 表示每秒钟发送 300 个二进制位。串行通信典型的波特率为 600bit/s、1200bit/s、2400bit/s、4800bit/s、9600bit/s、19200bit/s 和 38400bit/s 等。

（2）数据位

数据位是通信中实际数据位数的参数，典型值为 7 位或 8 位。

（3）停止位

停止位用于表示单个数据包的最后一位，典型值为 1 位或 2 位。

（4）奇偶校验位

奇偶校验是串行通信中一种常用的校验方式，它包括 3 种校验方式：奇数校验、偶数校验和无校验。在通信时，应设定串口奇偶校验位，以确保传输的数据有偶数个或者奇数个逻辑高位。例如，如果数据是 01100011，那么对于偶数校验，校验位为 0，保证逻辑高的位数是偶数。

7. 串口通信模块

S7-1200 PLC 的串行通信需要增加串口通信模块或者通信板来扩展 RS232 接口或 RS485 接口。S7-1200 PLC 有两个串口通信模块（CM1241 RS232 和 CM1241 RS422/485）和一个通信板（CB1241 RS485），如图 3-1-3 所示。

串口通信模块安装在 S7-1200 CPU 的左侧，最多可以扩展 3 个。通信板安装在 S7-1200 CPU 的正面插槽中，最多可以扩展 1 个。S7-1200 PLC 最多可以同时扩展 4 个串行通信接口。

8. 支持的协议

S7-1200 PLC 支持的常用通信协议见表 3-1-2，本项目主要涉及自由口通信和 Modbus RTU 通信。

9. 串口通信模块和通信板指示灯功能说明

串口通信模块 CM1241 有 3 个 LED 指示灯：DIAG、Tx 和 Rx。串口通信板 CB1241 有两个 LED 指示灯：TxD 和 RxD。串口通信模块和通信板指示灯功能说明见表 3-1-3。

图 3-1-3　串口通信模块和通信板

表 3-1-2　S7-1200 PLC 支持的常用通信协议

类型	CM1241 RS232	CM1241 RS422/485	CB1241 RS485
自由口	√	√	√
Modbus RTU	√	√	√
USS	×	√	√
3964（R）	√	√	×

注：√表示支持，× 表示不支持。

表 3-1-3　串口通信模块和通信板指示灯功能说明

指示灯	功能	说　明
DIAG	诊断显示	红色闪烁：CPU 未正确识别到通信模块 绿色闪烁：CPU 上电后已经识别到通信模块，但是通信模块还没有配置 绿色常亮：CPU 已经识别到通信模块，且配置也已经下载到 CPU 中
Tx/TxD	发送显示	当通信端口向外传送数据时，该指示灯点亮
Rx/RxD	接收显示	当通信端口接收数据时，该指示灯点亮

3.1.3　任务实施

两台 S7-1200 PLC 通过串口通信模块 CM1241 进行通信，电气原理图如图 3-1-4 所示，硬件接线如图 3-1-5 所示。

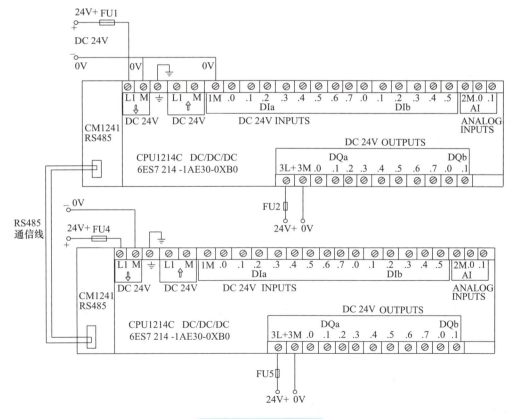

图 3-1-4　电气原理图

图 3-1-5 硬件接线

3.1.4 任务总结

1）串行通信的接口包括 RS232、RS422 和 RS485，它们的数据传输方式不同，其中 RS232 和 RS485 接口比较常用。

2）S7-1200 PLC 的 CPU 单元硬件上没有配备串口，需采购串口通信模块 CM1241 或通信板 CB1241。

3.1.5 任务训练

1. RS485 串行通信接口采用（　　）方式通信，只需一对平衡差分信号线用于发送和接收操作。

　　A. 单工　　　　　　B. 半双工　　　　　　C. 双工　　　　　　D. 全双工

2. 关于串行通信数据格式，以下正确的是（　　）。

　　A. 10000101001　　　　　　　　　　B. 10000101000
　　C. 00000101011　　　　　　　　　　D. 00000101000

3. S7-1200 PLC 有（　　）个串口通信模块和（　　）个通信板。

　　A. 1，1　　　　　　B. 2，2　　　　　　C. 1，2　　　　　　D. 2，1

4. 当数据的发送和接收分别由两根不同的传输线传送时，通信双方在同一时刻只能进行发送或接收中的一项操作，以上所指是（　　）通信方式。

　　A. 单工　　　　　　B. 半双工　　　　　　C. 双工　　　　　　D. 全双工

5. 下列不属于 S7-1200 PLC 串口通信协议的是（　　）。

　　A. 自由口通信　　　　　　　　　　B. USS 通信
　　C. Modbus RTU 通信　　　　　　　D. S7 通信

3.1.6 任务评价

请根据自己在本任务中的实际表现进行评价，见表 3-1-4。

表 3-1-4　任务评价表

项目	评分标准	分值	得分
接受工作任务	明确工作任务	5	
信息收集	串行通信的分类及数据格式、主要参数	10	
	串行通信的三种接口及其应用特点	10	
	S7-1200 PLC 的串行通信模块	10	
制定计划	工作计划合理可行，人员分工明确	10	
计划实施	RS485 串口模块接口线制作	15	
	串行通信电气原理图设计	10	
	串行通信模块的接线和调试	15	
质量检查	按照要求完成相应任务	10	
评价反馈	经验总结到位，合理评价	5	
得分（满分 100）			

任务 2　自由口通信应用

学习目的：
1. 掌握 S7-1200 PLC 自由口通信的硬件组态；
2. 掌握点对点通信的 Send_P2P 和 Receive_P2P 指令；
3. 能够实现两台 PLC 的在线通信和调试。

3.2.1　任务描述

自由口通信是基于 RS232 或者 RS485 的无协议通信，可以通过用户程序自定义协议，不像标准通信协议有固定的数据格式、功能码和校验方式等。S7-1200 PLC 支持使用自由口协议的点对点通信，经常使用自由口通信方式与第三方设备（如扫描枪、打印机等）进行通信。

如图 3-2-1 所示，两台 S7-1200 PLC 进行自由口通信，一台作为发送端，另一台作为接收端。发送端将 DB10.DBW0～DB10.DBW8 中的数据发送到接收端的 DB100.DBW0～DB100.DBW8 中。

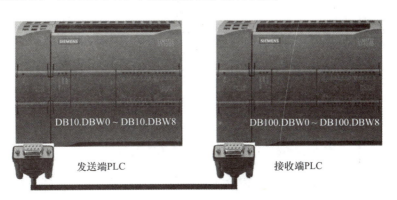

图 3-2-1　自由口通信任务描述

本任务使用的硬件主要有：① S7-1200 PLC（CPU 1214C DC/DC/DC），两台，订货号为 6ES7214-1AG40-0XB0；② CM1241 RS485，两台，订货号为 6ES7241-1CH30-0XB0；③编程计算机一台，已安装博途专业版软件。

3.2.2 知识储备

S7-1200 PLC 的 CM1241 RS422/485 模块、CM1241 RS232 模块和 CB1241 RS485 通信板提供了用于自由口通信的电气接口，同时需要编写通信指令完成通信任务。

1. 自由口通信指令说明

在"指令"窗格中依次选择"通信"→"通信处理器"→"PtP Communication"选项，出现自由口通信指令，如图 3-2-2 所示。其中，Send_P2P（发送数据）指令和 Receive_P2P（接收数据）指令是常用指令，下面对它们进行详细说明。

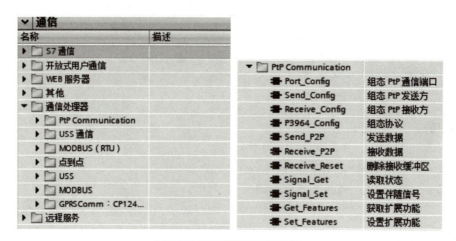

图 3-2-2 自由口通信指令

2. Send_P2P 指令

（1）指令介绍

Send_P2P 指令启动数据传输，将缓冲区中的数据传输到相关自由口通信模块，该指令如图 3-2-3 所示。

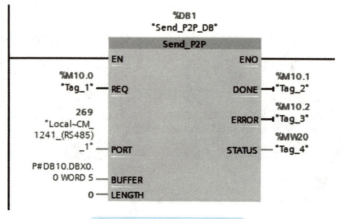

图 3-2-3 Send_P2P 指令

（2）指令参数

Send_P2P 指令引脚参数说明见表 3-2-1。

表 3-2-1　Send_P2P 指令引脚参数说明

引脚参数	数据类型	说　明
REQ	Bool	在此输入的上升沿，开始向通信模块传输数据
PORT	PORT	通信端口的硬件标识符。安装并组态通信模块后，通信端口的硬件标识符将出现在 PORT 功能框连接的"参数助手"下拉列表中。通信端口的硬件标识符在 PLC 变量表的"系统常数"（system constants）选项卡中指定并可应用于此处
BUFFER	Variant	指向发送缓冲区的存储区
LENGTH	UInt	要传输的数据长度（以字节为单位）
DONE	Bool	如果上一个请求无错误产生，则该位将变为 TRUE 并保持一个周期
ERROR	Bool	如果上一个请求完成但出现错误，那么 ERROR 位将变为 TRUE 并保持一个周期
STATUS	Word	错误代码

3. Receive_P2P 指令

（1）指令介绍

Receive_P2P 指令可启用接收消息，用于将通信模块中接收的数据传输到 CPU 的缓冲区，该指令如图 3-2-4 所示。

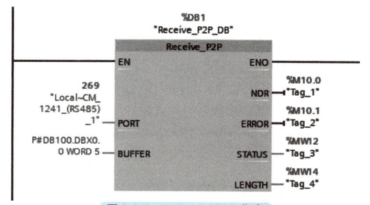

图 3-2-4　Receive_P2P 指令

（2）指令参数

Receive_P2P 指令引脚参数说明见表 3-2-2。

表 3-2-2　Receive_P2P 指令引脚参数说明

引脚参数	数据类型	说　明
PORT	PORT	通信端口的硬件标识符。安装并组态通信模块后，通信端口的硬件标识符将出现在 PORT 功能框连接的"参数助手"下拉列表中。通信端口的硬件标识符在 PLC 变量表的"系统常数"（system constants）选项卡中指定并可应用于此处
BUFFER	Variant	指向接收缓冲区的起始地址
LENGTH	UInt	接收帧的长度（以字节为单位）
NDR	Bool	如果新数据可用且指令无错误产生，则该位将变为 TRUE 并保持一个周期
ERROR	Bool	如果指令完成但出现错误，则该位将变为 TRUE 并保持一个周期
STATUS	Word	错误代码

3.2.3 任务实施

1. S7-1200 PLC RS485 通信板接线

本任务 S7-1200 PLC RS485 通信板接线如图 3-2-5 所示。

2. 发送端 PLC 程序编写

（1）新建项目及组态发送端 S7-1200 PLC

打开博途软件，在 Portal 视图中，单击"创建新项目"选项，在弹出的界面中输入项目名称、路径和作者等信息，然后单击"创建"按钮即可生成新项目。

进入项目视图，在左侧的"项目树"中，单击"添加新设备"选项，弹出"添加新设备"对话框，在此对话框中选择 CPU 的订货号和版本（必须与实际设备相匹配），此处选择 CPU 1214C DC/DC/DC，然后单击"确定"按钮。

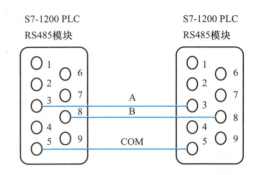

图 3-2-5 S7-1200 PLC RS485 通信板接线

A—RS485 信号正　B—RS485 信号负　COM—公共端

在"项目树"中，单击"PLC_1[CPU 1214C DC/DC/DC]"下拉按钮，双击"设备组态"选项，在"设备视图"的工作区中，选中 PLC_1，依次单击其巡视窗格中的"属性"→"常规"→"PROFINET 接口 [X1]"→"以太网地址"选项，修改以太网 IP 地址为"192.168.0.1"。

依次单击其巡视窗格的"属性"→"常规"→"系统和时钟存储器"选项，激活"启用时钟存储器字节"复选框。程序中会用到时钟存储器 M0.3。

（2）组态通信板

在"项目树"中，单击"PLC_1[CPU 1214C DC/DC/DC]"下拉按钮，双击"设备组态"选项，在硬件目录中找到"通信模块"→"点到点"→"CM1241（RS485）"→"6ES7 241-1CH30-0XB0"，然后双击或拖拽此模块至 CPU 插槽，如图 3-2-6 所示。

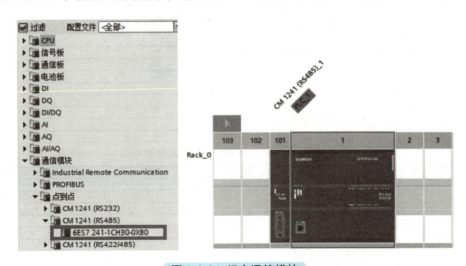

图 3-2-6 组态通信模块

在"设备视图"的工作区中，选中 CM1241（RS485）模块，依次单击其巡视窗格的"属性"→"RS-485 接口"→"IO-Link"选项，配置模块硬件接口参数，如图 3-2-7 所示。通信参数设置为：波特率="9.6kbps"（"bps"为软件界面显示的单位格式，其规范写法应为"bit/s"），奇偶校验="无"，数据位="8位/字符"，停止位="1"，其他保持默认设置。

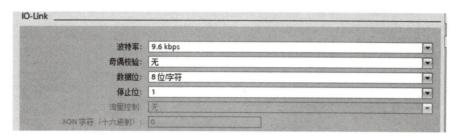

图 3-2-7　通信模块接口参数设置

（3）创建 PLC 变量表

在"项目树"中，依次单击"PLC_1[CPU 1214C DC/DC/DC]"→"PLC 变量"下拉按钮，双击"添加新变量表"选项，并将新添加的变量表命名为"PLC 变量表"，然后在"PLC 变量表"中新建变量，如图 3-2-8 所示。

图 3-2-8　PLC 变量表

（4）创建数据发送区

1）在"项目树"中，依次选择"PLC_1[CPU 1214C DC/DC/DC]"→"程序块"→"添加新块"选项，选择"数据块（DB）"选项创建数据块，数据块名称为"发送数据块"，手动修改数据块编号为"10"，然后单击"确定"按钮，在数据块属性中取消勾选"优化的块访问"复选框，然后单击"确定"按钮，如图 3-2-9 所示。

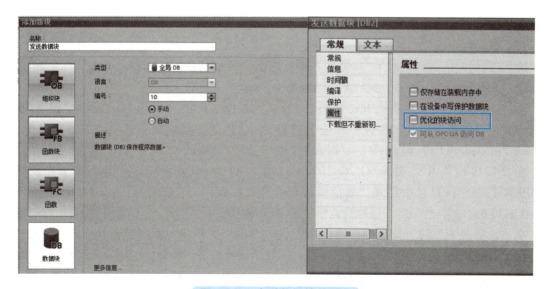

图 3-2-9　发送数据块的创建

2）在数据块中创建 5 个字的数组用于存储发送数据，如图 3-2-10 所示。

发送数据块					
	名称	数据类型	偏移量	起始值	保持
1	▼ Static				☐
2	▼ 发送数据区	Array[0..4] o...	...		☐
3	发送数据区[0]	Word	...	16#0	☐
4	发送数据区[1]	Word	...	16#0	☐
5	发送数据区[2]	Word	...	16#0	☐
6	发送数据区[3]	Word	...	16#0	☐
7	发送数据区[4]	Word	...	16#0	☐

图 3-2-10　发送数据区设置

（5）编写 OB1 主程序

当 M0.3 上升沿有效时，执行 Send_P2P 指令，发送缓冲区中的数据。数据发送程序如图 3-2-11 所示。

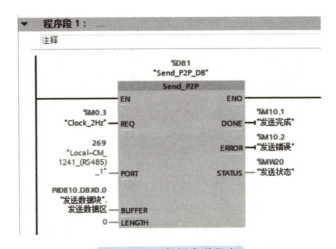

图 3-2-11　数据发送程序

3. 接收端 PLC 程序编写

（1）组态接收端 S7-1200 PLC 和通信模块

进入项目视图，在左侧的"项目树"中，单击"添加新设备"选项，弹出"添加新设备"对话框，选择 CPU 1214C DC/DC/DC，然后单击"确定"按钮。

在"项目树"中，单击"PLC_2[CPU 1214C DC/DC/DC]"下拉按钮，双击"设备组态"选项，在"设备视图"的工作区中，选中 PLC_2，依次单击其巡视窗格中的"属性"→"常规"→"PROFINET 接口 [X1]"→"以太网地址"选项，修改以太网 IP 地址为"192.168.0.2"。

在"项目树"中，单击"PLC_2[CPU 1214C DC/DC/DC]"下拉按钮，双击"设备组态"选项，在硬件目录中找到"通信模块"→"点到点"→"CM1241（RS485）"→"6ES7 241-1CH30-0XB0"，然后双击或拖拽此模块至 CPU 插槽。

在"设备视图"的工作区中，选中 CM1241（RS485）模块，依次单击其巡视窗格的"属性"→"RS-485 接口"→"IO-Link"选项，配置模块硬件接口参数，如图 3-2-7 所示。通信参数设置为：波特率="9.6kbps"，奇偶校验="无"，数据位="8 位/字符"，停止位="1"，其他保持默认设置。

（2）创建 PLC 变量表

在"项目树"中，依次单击"PLC_2[CPU 1214C DC/DC/DC]"→"PLC 变量"下拉按钮，双击"添加新变量表"选项，并将新添加的变量表命名为"PLC 变量表"，然后在"PLC 变量表"中新建变量，如图 3-2-12 所示。

	名称	数据类型	地址	保持
1	接收完成	Bool	%M10.1	
2	接收错误	Bool	%M10.2	
3	接收状态	Word	%MW20	
4	数据长度	Word	%MW22	

图 3-2-12 PLC 变量表

（3）创建数据接收区

1）在"项目树"中，依次选择"PLC_2[CPU 1214C DC/DC/DC]"→"程序块"→"添加新块"选项，选择"数据块（DB）"选项创建数据块，数据块名称为"接收数据块"，手动修改数据块编号为"100"，然后单击"确定"按钮，在数据块属性中取消勾选"优化的块访问"复选框，然后单击"确定"按钮。

2）在数据块中创建 5 个字的数组，用于存储接收数据，如图 3-2-13 所示。

	名称	数据类型	偏移量	起始值	保持
1	▼ Static				
2	▼ 接收数据区	Array[0..4] o...			
3	接收数据区[0]	Word		16#0	
4	接收数据区[1]	Word		16#0	
5	接收数据区[2]	Word		16#0	
6	接收数据区[3]	Word		16#0	
7	接收数据区[4]	Word		16#0	

图 3-2-13 接收数据区设置

（4）编写 OB1 主程序

执行 Receive_P2P 指令，接收数据到缓冲区。数据接收程序如图 3-2-14 所示。

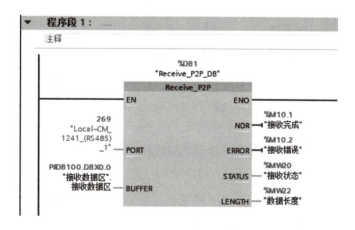

图 3-2-14 数据接收程序

4. 程序测试

程序编译后，下载到 S7-1200 CPU 中，在"PLC_1[CPU 1214C DC/DC/DC]"和"PLC_2[CPU 1214C DC/DC/DC]"项目树下添加"监控表"，可以监控通信数据，如图 3-2-15 所示。

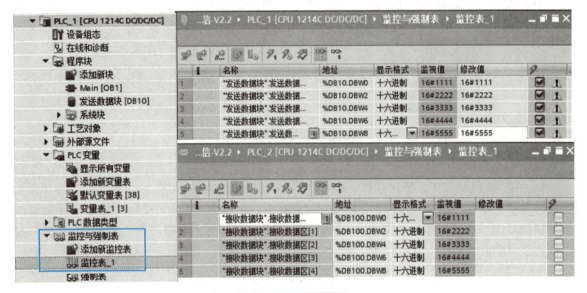

图 3-2-15 监控表

3.2.4 拓展练习

1. 任务要求

如图 3-2-16 所示，PLC_1 输入连接启动按钮 SB1、启动按钮 SB2、停止按钮 SB3，输出连接两个电动机 M1 和 M2；PLC_2 连接两个电动机 M3 和 M4。

按下启动按钮 SB1，电动机 M1 得电，同时电动机 M3 也得电；按下启动按钮 SB2，电动机 M2 得电，延时 5s 后，电动机 M4 得电；按下停止按钮 SB3，所有的电动机均失电。

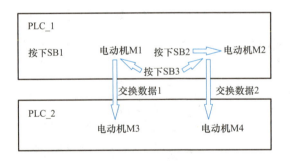

图 3-2-16 自由口通信数据交换关系

2. 电气原理图

拓展练习的参考电气原理图如图 3-2-17 所示。

3. 项目组态

PLC_1 的变量表和发送数据块配置如图 3-2-18 所示。

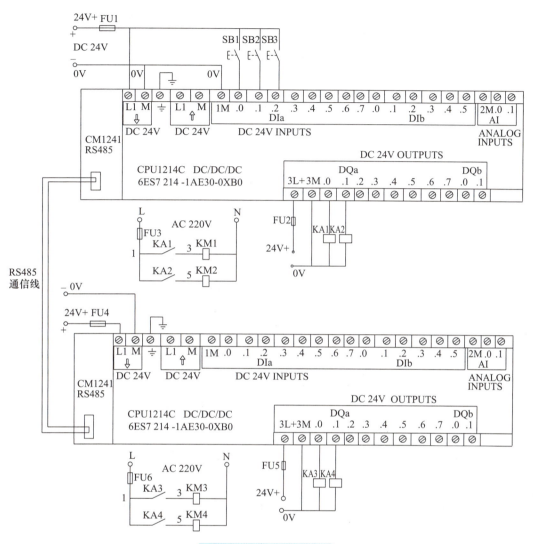

图 3-2-17 电气原理图

图 3-2-18 PLC_1 变量表和发送数据块配置

PLC_2 的变量表和接收数据块配置如图 3-2-19 所示。

PLC_1 参考程序如图 3-2-20 所示。

PLC_2 参考程序如图 3-2-21 所示。

程序测试过程如图 3-2-22 所示。

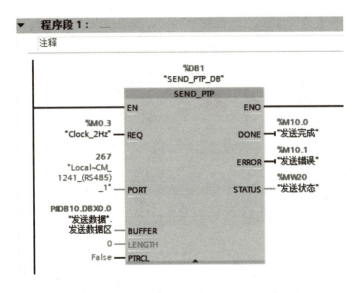

图 3-2-19　PLC_2 变量表和接收数据块配置

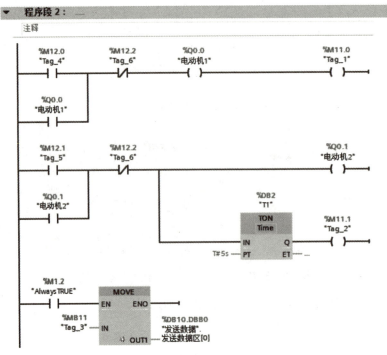

图 3-2-20　PLC_1 参考程序

项目3 PLC串行通信应用

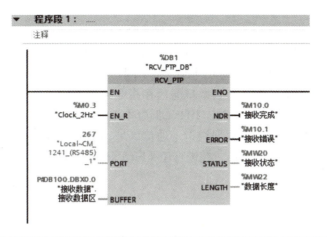

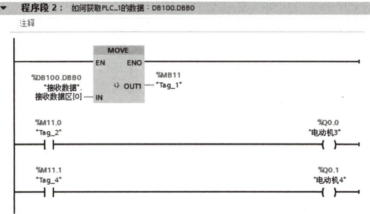

图 3-2-21 PLC_2 参考程序

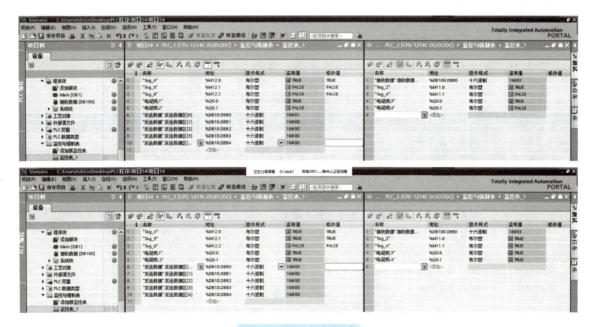

图 3-2-22 程序测试

3.2.5 任务总结

1）通信模块 CM1241 RS422/485、CM1241 RS232 及通信板 CB1241 都可以用于组态 S7-1200 PLC 的串行通信，其通信端口的硬件标识符不同。

2）对于不同版本的博途软件，自由口通信在指令树中的位置略有不同，其表示符号也有区别，如 Send_P2P（高版本）与 SEND_PTP（低版本）。

3）自由口通信需要通过通信数据块指定通信区域，指向发送或接收缓冲区起始地址的指针，但不支持布尔值或 Array of bool，在进行位（bit）状态信息通信时，需要通过字节（B）进行数据交换。

3.2.6 任务训练

1. 关于 Send_P2P 指令的功能描述，以下错误的是（　　）。
A. 如果上一个请求无错误产生，那么 DONE 位将变为 TRUE 并保持一个周期
B. 在 REQ 信号输入的上升沿，开始向通信模块传输数据
C. PORT 是通信端口的硬件标识符，它的选择与硬件通信模块没有关系
D. 如果上一个请求完成但出现错误，那么 ERROR 位将变为 TRUE 并保持一个周期

2. 关于 Receive_P2P 指令的功能描述，以下错误的是（　　）。
A. 如果接收的新数据可用且指令无错误产生，那么 NDR 位将变为 TRUE 并保持一个周期
B. 如果指令完成但出现错误，那么 ERROR 位将变为 TRUE 并保持一个周期
C. BUFFER 指向接收缓冲区的起始地址
D. LENGTH 是接收帧的长度，以字为单位

3. 以下不是 S7-1200 PLC 串口通信模块的是（　　）。
A. CM1241 RS422/485　　　　　　　　B. CM1241 RS232
C. CB1241 RS485　　　　　　　　　　D. SM1222

3.2.7 任务评价

请根据自己在本任务中的实际表现进行评价，见表 3-2-3。

表 3-2-3　任务评价表

项目	评分标准	分值	得分
接受工作任务	明确工作任务	5	
信息收集	博途软件的自由口通信指令和项目组态过程	15	
制定计划	工作计划合理可行，人员分工明确	10	
计划实施	自由口通信指令格式及参数设置	20	
	发送端 PLC 的项目组态、发送数据块设置	10	
	接收端 PLC 的项目组态、接收数据块设置	10	
	通信测试及故障排查	20	
质量检查	按照要求完成相应任务	5	
评价反馈	经验总结到位，合理评价	5	
得分（满分 100）			

任务3 Modbus RTU 通信应用

学习目的：
1. 掌握 S7-1200 PLC Modbus RTU 通信的硬件组态；
2. 掌握 Modbus_Comm_Load、Modbus_Master 和 Modbus_Slave 指令；
3. 能够实现两台 PLC 的在线通信和调试。

3.3.1 任务描述

两台 S7-1200 PLC 进行 Modbus RTU 通信，一台作为主站，另一台作为从站。主站读取从站的 DB100.DBW0 ~ DB100.DBW8 的数据，并存放到主站的 DB10.DBW0 ~ DB10.DBW8；主站将 DB10.DBX10.0 ~ DB10.DBX10.4 的数据写到从站的 Q0.0 ~ Q0.4 中，数据交换关系如图 3-3-1 所示。

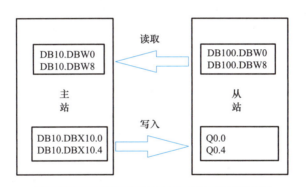

图 3-3-1 Modbus RTU 通信数据交换关系

Modbus RTU 通信应用（1）

Modbus RTU 通信应用（2）

本任务使用的硬件主要有：
1）CPU 1214C DC/DC/DC，两台，订货号为 6ES7 214-1CH30-0XB0。
2）CM1241 RS485，两台，订货号为 6ES7 241-1CH30-0XB0。
3）编程计算机一台，已安装博途专业版软件。

3.3.2 知识储备

1. Modbus RTU 通信

Modbus 串行通信协议是由 Modicon 公司在 1979 年开发的，在工业自动化控制领域得到了广泛应用，已经成为一种通用的工业标准协议，许多工业设备都通过 Modbus 串行通信协议连成网络，进行集中控制。

Modbus 串行通信协议有 Modbus ASCII 和 Modbus RTU 两种模式，Modbus RTU 协议通信效率较高，应用更广泛。Modbus RTU 协议是基于 RS232 或 RS485 串行通信的一种协议，数据通信采用主从方式进行传送，主站发出具有从站地址的数据报文，从站接收到报文后发送相应报文到主站进行应答。Modbus RTU 网络上只能存在一个主站，主站在 Modbus RTU 网络上没有地址，每个从站必须有唯一的地址，从站的地址为 0 ~ 247，其中 0 为广播地址，因此从站的实际地址为 1~247。

2. 报文结构

Modbus RTU 协议报文结构见表 3-3-1。

表 3-3-1 Modbus RTU 协议报文结构

从站地址码	功能码	数据区	错误校验码	
1B	1B	0~252B	2B	
			CRC 低	CRC 高

1）从站地址码表示 Modbus RTU 协议的从站地址，长度为 1B。
2）功能码表示 Modbus RTU 协议的通信功能，长度为 1B。
3）数据区表示传输的数据，长度为（0~252）B，格式由功能码决定。
4）错误校验码用于数据校验，长度为 2B。

报文举例：

从站地址码	功能码	数据地址		数据区		错误校验码	
01	06	00	01	00	17	98	04

这一串数据的作用是把数据 H0017（十进制数为 23）写入 01 号从站的地址 H0001 中。

3. 功能码及数据地址

Modbus RTU 通信设备之间的数据交换是通过功能码实现的，功能码有按位操作，也有按字操作。在 S7-1200 PLC Modbus RTU 通信中，不同的 Modbus RTU 协议数据地址区对应不同的 S7-1200 PLC 数据区，Modbus 功能码及数据区见表 3-3-2。

表 3-3-2 Modbus 功能码及数据区

功能码	描述	操作	Modbus 数据地址区	S7-1200 PLC 数据地址区
01	读取输出位	位操作	00001~09999	Q0.0~Q1023.7
02	读取输入位	位操作	10001~19999	I0.0~I1023.7
03	读取保持寄存器	字操作	40001~49999	DB 数据块、M 位存储区
04	读取输入字	字操作	30001~39999	IW0~IW1022
05	写一个输出位	位操作	00001~09999	Q0.0~Q1023.7
06	写一个保持寄存器	字操作	40001~49999	DB 数据块、M 位存储区
15	写多个输出位	位操作	00001~09999	Q0.0~Q1023.7
16	写多个保持寄存器	字操作	40001~49999	DB 数据块、M 位存储区

4. Modbus_Comm_Load 通信指令

在"指令"窗格中依次选择"通信"→"通信处理器"→"MODBUS（RTU）"选项，出现 Modbus RTU 指令列表，如图 3-3-2 所示。

博途软件提供了 2 个版本的 Modbus RTU 指令，早期版本的 Modbus RTU 指令集（MODBUS）仅可通过主机架 CM1241 通信模块或 CB1241 通信板进行 Modbus RTU 通信。V3.1 以上版本的 Modbus RTU 指令集（MODBUS（RTU））扩展了 Modbus RTU 的功能，该指令集除了支持主机架 CM1241 通信模块、CB1241 通信板，还支持 PROFINET 或 PROFIBUS 分布式 I/O 机架上的点对点通信模块实现 Modbus RTU 通信。从 V3.1 版本开始 S7-1200 PLC 与 S7-1500 PLC 的

Modbus RTU 指令集开始一致，之后的版本更新也是基于该版本，建议 V4.0 以后版本的 CPU 和串口模块使用“MODBUS（RTU）”指令集。

通信处理器		
PtP Communication		V3.2
USS 通信		V4.3
MODBUS（RTU）		V4.5
Modbus_Comm_...	组态 Modbus 的端口	V3.1
Modbus_Master	作为 Modbus 主站通信	V3.0
Modbus_Slave	作为 Modbus 从站通信	V4.0
点到点		V1.0
USS		V1.1
MODBUS		V2.2
MB_COMM_LOAD	在 PtP 模块上为 Mod...	V2.1
MB_MASTER	通过 PtP 端口作为 M...	V2.2
MB_SLAVE	通过 PtP 端口作为 M...	V2.1
GPRSComm：CP124...		V1.3

图 3-3-2　Modbus RTU 指令列表

Modbus RTU 指令主要包括 3 个指令：Modbus_Comm_Load（通信参数装载）指令、Modbus_Master（主站通信）指令和 Modbus_Slave（从站通信）指令。每个指令块被拖拽到程序工作区中都将自动分配背景数据块，背景数据块的名称可以自行修改，背景数据块的编号可以手动或自动分配。

（1）指令介绍

Modbus_Comm_Load 指令用于组态 RS232 和 RS485 通信模块端口的通信参数，以便进行 Modbus RTU 通信，该指令如图 3-3-3 所示。每个 Modbus RTU 通信的端口，都必须执行一次 Modbus_Comm_Load 指令来组态。

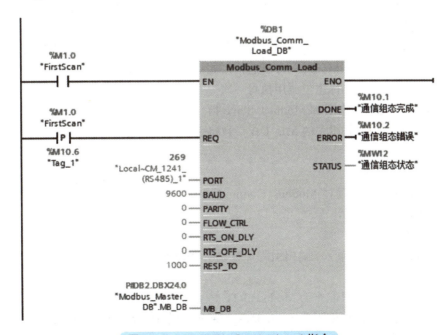

图 3-3-3　Modbus_Comm_Load 指令

（2）指令参数

Modbus_Comm_Load 指令引脚参数说明见表 3-3-3。

表 3-3-3 Modbus_Comm_Load 指令引脚参数说明

引脚参数	数据类型	说　　明
REQ	Bool	在信号上升沿时执行该指令
PORT	PORT	通信端口的硬件标识符，安装并组态通信模块后，通信端口的硬件标识符将出现在 PORT 功能框连接的"参数助手"下拉列表中。通信端口的硬件标识符在 PLC 变量表的"系统常数"（system constants）选项卡中指定并可应用于此处
BAUD	UDInt	选择通信波特率（bit/s）：300、600、1200、2400、4800、9600、19200、38400、57600、76800、115200
PARITY	UInt	选择奇偶校验：0—无；1—奇数校验；2—偶数检验
FLOW_CTRL	UInt	流控制选择：0—默认值（无流控码）
RTS_ON_DLY	UInt	RTS 延时选择：0—默认值
RTS_OFF_DLY	UInt	RTS 关断延时选择：0—默认值
RESP_TO	UInt	响应超时：主站允许用于从站响应的时间（以 ms 为单位），如果从站在此时间段内未响应，主站将重试请求，或者在发送指定次数的重试请求后终止请求并提示错误，其默认值为 1000ms
MB_DB	MB_BASE	对 Modbus_Master 指令或 Modbus_Slave 指令所使用的背景数据块的引用。在用户程序中放置 Modbus_Master 指令或 Modbus_Slave 指令后，该 DB 标识符将出现在 MB_DB 功能框连接的"参数助手"下拉列表中
DONE	Bool	如果上一个请求完成并且没有错误，则该位将变为 TRUE 并保持一个周期
ERROR	Bool	如果上一个请求完成出错，则该位将变为 TRUE 并保持一个周期，STATUS 参数中的错误代码仅在 ERROR=TRUE 的周期内有效
STATUS	Word	错误代码

（3）指令说明

1）在进行 Modbus RTU 通信前，必须先执行 Modbus_Comm_Load 指令组态模块通信端口，然后才能使用通信指令进行 Modbus RTU 通信。在启动 OB 中调用 Modbus_Comm_Load 指令，或者在 OB1 中使用首次循环标志位调用执行一次。

2）当 Modbus_Master 指令和 Modbus_Slave 指令被拖拽到用户程序时，将为其分配背景数据块，Modbus_Comm_Load 指令的 MB_DB 参数将引用该背景数据块。

5. Modbus_Master 指令

（1）指令介绍

Modbus_Master 指令可通过 Modbus_Comm_Load 指令组态的端口为 Modbus RTU 主站进行通信，该指令如图 3-3-4 所示。

（2）指令参数

Modbus_Master 指令的输入/输出引脚参数说明见表 3-3-4。

（3）指令说明

1）同一串行通信接口只能作为 Modbus RTU 主站或者从站。

2）当同一串行通信接口使用多个 Modbus_Master 指令时，Modbus_Master 指令必须使用同一个背景数据块，用户程序必须使用轮询方式执行指令。

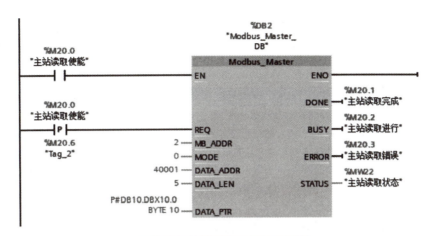

图 3-3-4 Modbus_Master 指令

表 3-3-4 Modbus_Master 指令引脚参数说明

引脚参数	数据类型	说　　明
REQ	Bool	在上升沿时执行该指令
MB_ADDR	UInt	通信所对应的 Modbus RTU 从站地址，标准地址范围：1～247
MODE	USInt	模式选择：0 表示读操作，1 表示写操作
DATA_ADDR	UDInt	通信所对应的从站中的起始地址：指定 Modbus RTU 从站中将访问的数据的起始地址
DATA_LEN	UInt	数据长度：指定此指令将访问的位或字的个数
DATA_PTR	Variant	数据指针：指向要进行数据输入或数据读取的标记或数据块地址
DONE	Bool	如果上一个请求完成并且没有错误，则该位将变为 TRUE 并保持一个周期
BUSY	Bool	0 表示无激活命令，1 表示命令执行中
ERROR	Bool	如果上一个请求完成出错，则该位将变为 TRUE 并保持一个周期，如果执行因错误而终止，那么 STATUS 参数中的错误代码仅在 ERROR 为 TRUE 的周期内有效
STATUS	Word	错误代码

6. Modbus_Slave 指令

（1）指令介绍

Modbus_Slave 指令可通过 Modbus_Comm_Load 指令组态的端口与 Modbus RTU 主站进行通信，该指令如图 3-3-5 所示。

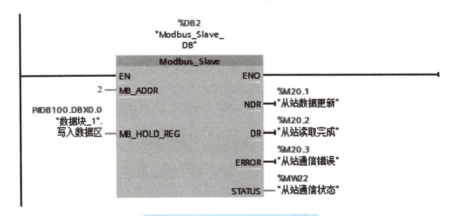

图 3-3-5 Modbus_Slave 指令

（2）指令参数

Modbus_Slave 指令引脚参数说明见表 3-3-5。

表 3-3-5　Modbus_Slave 指令引脚参数说明

引脚参数	数据类型	说　　明
MB_ADDR	UInt	Modbus RTU 从站地址，标准地址范围：1～247
MB_HOLD_REG	Variant	Modbus 保持寄存器数据块的指针，Modbus 保持寄存器可能为位存储区域或者数据块的存储区
NDR	Bool	数据就绪：0 表示无新数据；1 表示新数据已由 Modbus RTU 主站写入
DR	Bool	数据读取：0 表示未读取数据；1 表示该指令已将 Modbus RTU 主站接收的数据存储在目标区域中
ERROR	Bool	如果上一个请求完成出错，则该位将变为 TRUE 并保持一个周期，如果执行因错误而终止，那么 STATUS 参数中的错误代码仅在 ERROR 为 TRUE 的周期内有效
STATUS	Word	错误代码

3.3.3　任务实施

1. 通信板接线

使用通信模块 CM1241 RS232 作为 Modbus RTU 主站时，只能与一个从站通信。使用通信模块 CM1241 RS485 作为 Modbus RTU 主站时，则允许建立最多与 32 个从站的通信。使用通信板 CB1241 RS485 时，CPU 固件必须为 V2.0 或更高版本，且使用软件必须为 STEP 7 V11 以上版本。本任务 S7-1200 PLC RS485 通信板接线如图 3-3-6 所示。

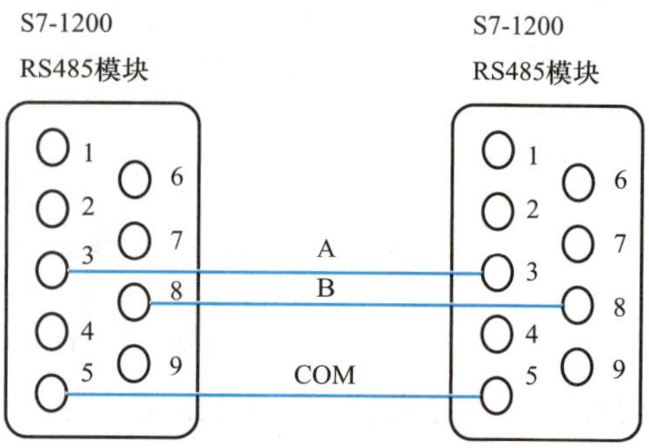

2. Modbus RTU 主站程序编写

（1）新建项目及组态发送端 S7-1200 PLC

打开博途软件，在 Portal 视图中，单击"创建新项目"选项，在弹出的界面中输入项目名称、路径和作者等信息，然后单击"创建"按钮即可生成新项目。

进入项目视图，在左侧的"项目树"中，单击"添加新设备"选项，弹出"添加新设备"对话框，在此对话框中选择 CPU 的订货号和版本（必须与实际设备相匹配），此处选择 CPU 1214C DC/DC/DC，然后单击"确定"按钮。

在"项目树"中，单击"PLC_1[CPU 1214C DC/DC/DC]"下拉按钮，双击"设备组态"选项，在"设备视图"的工作区中，选中 PLC_1，依次单击其巡视窗格中的"属性"→"常规"→"PROFINET 接口 [X1]"→"以太网地址"选项，修改以太网 IP 地址为"192.168.0.1"。

依次单击其巡视窗格的"属性"→"常规"→"系统和时钟存储器"选项，激活"启用时钟存储器字节"复选框，如图 3-3-7 所示。

注意：程序中会用到时钟存储器 M0.5。

图 3-3-6　S7-1200 PLC RS485 通信板接线

A—RS485 信号正　B—RS485 信号负
COM—公共端

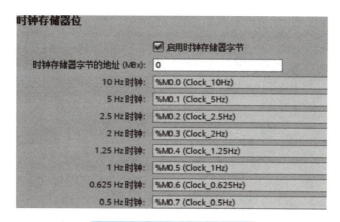

图 3-3-7 系统和时钟存储器

(2) 组态通信板

在"项目树"中,单击"PLC_1[CPU 1214C DC/DC/DC]"下拉按钮,双击"设备组态"选项,在硬件目录中找到"通信模块"→"点到点"→"CM1241(RS485)"→"6ES7 241-1CH30-0XB0",然后双击或拖拽此模块至 CPU 插槽,如图 3-3-8 所示。

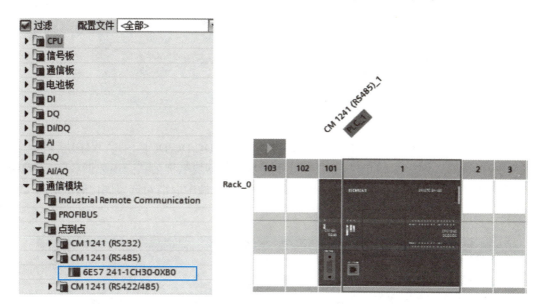

图 3-3-8 组态通信模块

在"设备视图"的工作区中,选中 CM1241(RS485)模块,依次单击其巡视窗格的"属性"→"RS-485 接口"→"IO-Link"选项,配置模块硬件接口参数,如图 3-3-9 所示。通信参数设置为:波特率"9.6kbps",奇偶校验"无",数据位"8 位/字符",停止位"1",其他保持默认设置。

(3) 创建 PLC 变量表

在"项目树"中,依次单击"PLC_1[CPU 1214C DC/DC/DC]"→"PLC 变量"下拉按钮,双击"添加新变量表"选项,并将新添加的变量表命名为"PLC 变量表",然后在"PLC 变量表"中新建变量,如图 3-3-10 所示。

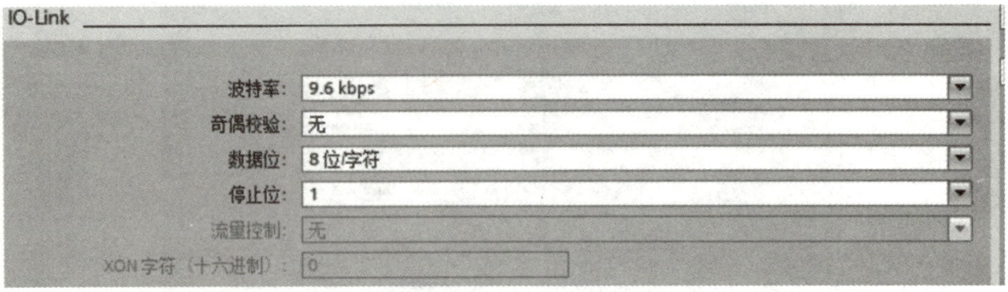

图 3-3-9　通信模块接口参数设置

	名称	数据类型	地址
1	通信组态完成	Bool	%M10.1
2	通信组态错误	Bool	%M10.2
3	通信组态状态	Word	%MW12
4	主站读取使能	Bool	%M20.0
5	主站读取完成	Bool	%M20.1
6	主站读取进行	Bool	%M20.2
7	主站读取错误	Bool	%M20.3
8	主站读取状态	Word	%MW22
9	主站写入使能	Bool	%M30.0
10	主站写入完成	Bool	%M30.1
11	主站写入进行	Bool	%M30.2
12	主站写入错误	Bool	%M30.3
13	主站写入状态	Word	%MW32

图 3-3-10　PLC 变量表

（4）创建数据发送和接收区

1）在“项目树”中，依次选择“PLC_1[CPU 1214C DC/DC/DC]”→“程序块”→“添加新块”选项，选择“数据块（DB）”选项创建数据块，数据块名称为“交换数据块”，手动修改数据块编号为“10”，然后单击“确定”按钮，在数据块属性中取消勾选“优化的块访问”复选框，然后单击“确定”按钮，如图 3-3-11 所示。

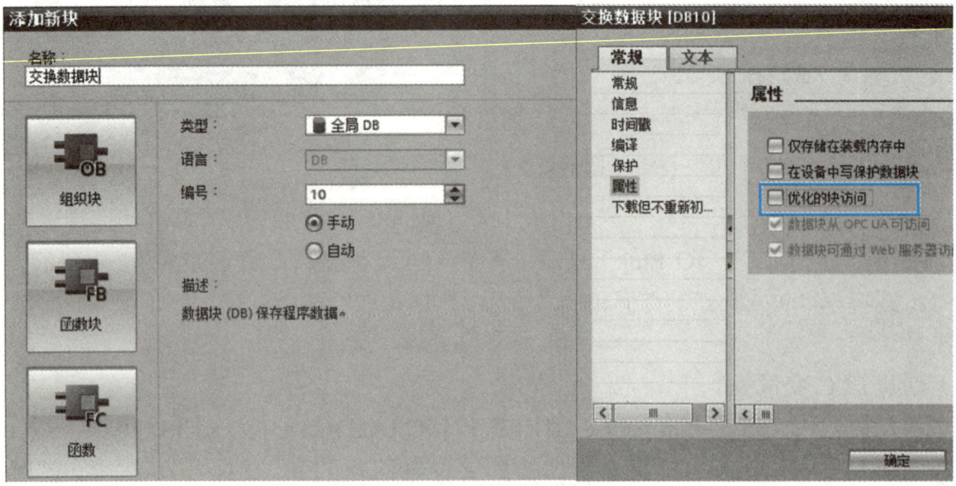

图 3-3-11　交换数据块的创建

2）在数据块中创建 5 个字的数组用于存储读取数据，创建 5 个字节的数组用于存储写入数据，如图 3-3-12 所示。

	名称	数据类型	偏移量	起始值	保持
1	▼ Static				
2	▼ 读取数据区	Array[0..4] o...	0.0		
3	读取数据区[0]	Word	0.0	16#0	
4	读取数据区[1]	Word	2.0	16#0	
5	读取数据区[2]	Word	4.0	16#0	
6	读取数据区[3]	Word	6.0	16#0	
7	读取数据区[4]	Word	8.0	16#0	
8	▼ 写入数据区	Array[0..4] of Bool	10.0		
9	写入数据区[0]	Bool	10.0	false	
10	写入数据区[1]	Bool	10.1	false	
11	写入数据区[2]	Bool	10.2	false	
12	写入数据区[3]	Bool	10.3	false	
13	写入数据区[4]	Bool	10.4	false	

图 3-3-12　数据发送和接收区设置

（5）编写 OB1 主程序

1）为使通信端口在启动时就被设置为 Modbus RTU 通信模式，首先在"通信"→"通信处理器"→"MODBUS"中调用 Modbus_Comm_Load 指令并完成相应参数的配置，如图 3-3-13 所示。

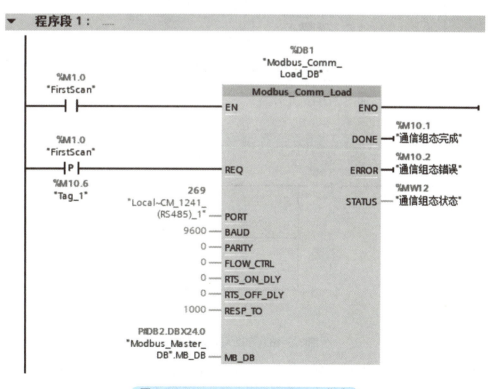

图 3-3-13　Modbus_Comm_Load 指令

2）启动读轮询操作，如图 3-3-14 所示。

图 3-3-14　启动读轮询指令

3）编写读从站数据区指令。调用 Modbus_Master 指令，读取从站数据，如图 3-3-15 所示。

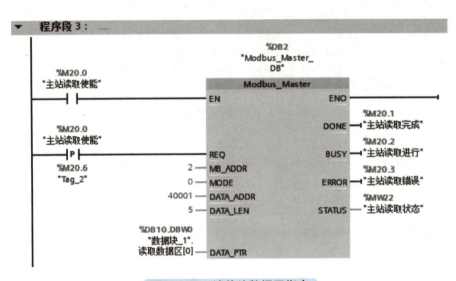

图 3-3-15　读从站数据区指令

4）启动写轮询操作，如图 3-3-16 所示。

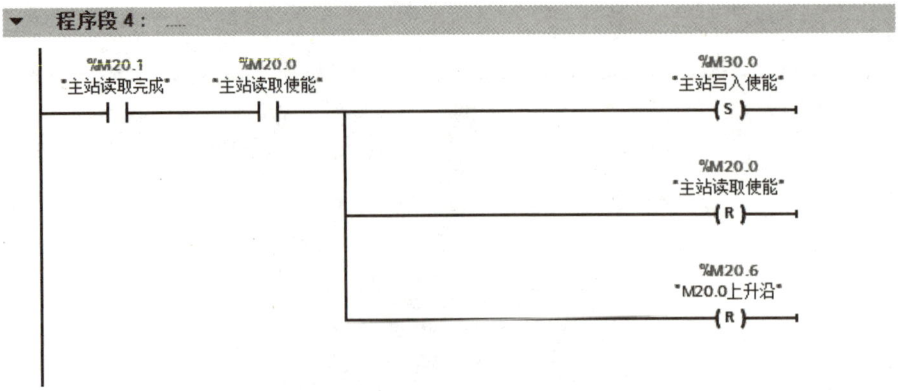

图 3-3-16　启动写轮询指令

5）编写写从站数据区指令。调用 Modbus_Master 指令，写入从站数据，如图 3-3-17 所示。此时 DATA_ADDR 设为 1，即 Modbus 数据地址为 1，对应的从站 PLC 数据区从 Q0.0 开始。

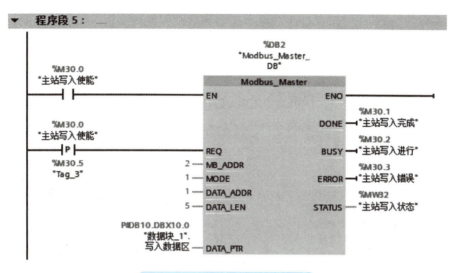

图 3-3-17 写从站数据区指令

6）启动下一轮循环，程序如图 3-3-18 所示。

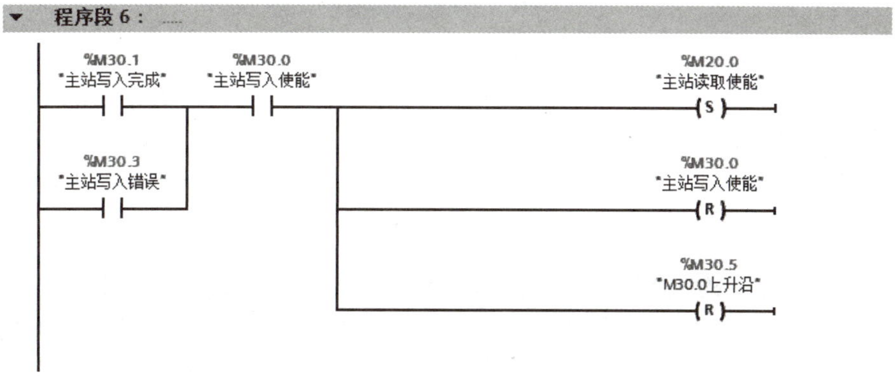

图 3-3-18 启动循环指令

至此，Modbus RTU 主站 PLC 程序编写完成。

3. Modbus RTU 从站程序编写

（1）组态接收端 S7-1200 PLC 和通信模块

进入项目视图，在左侧的"项目树"中，单击"添加新设备"选项，弹出"添加新设备"对话框，选择 CPU 1214C DC/DC/DC，然后单击"确定"按钮。

在"项目树"窗格中，单击"PLC_2[CPU 1214C DC/DC/DC]"下拉按钮，双击"设备组态"选项，在"设备视图"的工作区中，选中 PLC_2，依次单击其巡视窗格中的"属性"→"常规"→"PROFINET 接口 [X1]"→"以太网地址"选项，修改以太网 IP 地址为"192.168.0.2"。

在"项目树"中，单击"PLC_2[CPU 1214C DC/DC/DC]"下拉按钮，双击"设备组态"选项，在硬件目录中找到"通信模块"→"点到点"→"CM1241（RS485）"→"6ES7 241-1CH30-0XB0"，然后双击或拖拽此模块至 CPU 插槽即可。

在"设备视图"的工作区中，选中 CM1241（RS485）模块，依次单击其巡视窗格的"属性"→"RS-485 接口"→"IO-Link"选项,配置模块硬件接口参数,如图 3-3-9 所示。通信参数设置为:波特率"9.6kbps",奇偶校验"无",数据位"8 位 / 字符",停止位"1",其他保持默认设置。

(2)创建 PLC 变量表

在"项目树"中,依次单击"PLC_2[CPU 1214C DC/DC/DC]"→"PLC 变量"下拉按钮,双击"添加新变量表"选项,并将新添加的变量表命名为"PLC 变量表",然后在"PLC 变量表"中新建变量,如图 3-3-19 所示。

	名称	数据类型	地址	保持
1	通信组态完成	Bool	%M10.1	
2	通信组态错误	Bool	%M10.2	
3	通信组态状态	Word	%MW12	
4	从站数据更新	Bool	%M20.1	
5	从站读取完成	Bool	%M20.2	
6	从站通信错误	Bool	%M20.3	
7	从站通信状态	Word	%MW22	

图 3-3-19　PLC 变量表

(3)创建数据接收区

1)在"项目树"窗格中,依次选择"PLC_2[CPU 1214C DC/DC/DC]"→"程序块"→"添加新块"选项,选择"数据块(DB)"选项创建数据块,数据块名称为"写入数据块",手动修改数据块编号为"100",然后单击"确定"按钮,在数据块属性中取消勾选"优化的块访问"复选框,然后单击"确定"按钮,如图 3-3-20 所示。

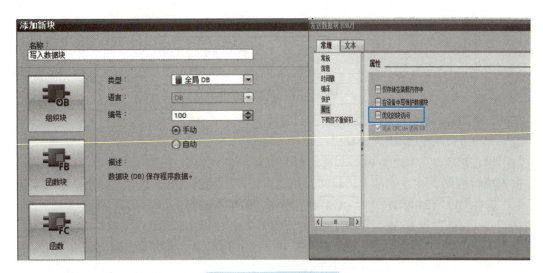

图 3-3-20　数据块创建

2)在数据块中创建 5 个字的数组用于存储写入数据,如图 3-3-21 所示。

(4)编写 OB1 主程序

1)为使通信端口在启动时就被设置为 Modbus RTU 通信模式,需要首先调用 Modbus_Comm_Load 指令,为各输入 / 输出引脚分配地址,如图 3-3-22 所示。

写入数据块

	名称	数据类型	偏移量	起始值
1	▼ Static			
2	▼ 写入数据区	Array[0..4] of Word	0.0	
3	写入数据区[0]	Word	0.0	16#0
4	写入数据区[1]	Word	2.0	16#0
5	写入数据区[2]	Word	4.0	16#0
6	写入数据区[3]	Word	6.0	16#0
7	写入数据区[4]	Word	8.0	16#0

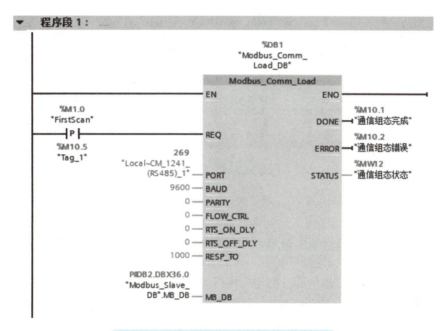

图 3-3-21 写入数据区设置

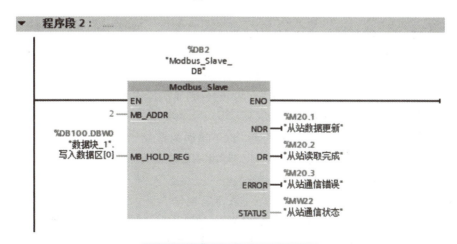

图 3-3-22 Modbus_Comm_Load 指令

2）编写从站通信指令。调用 Modbus_Slave 指令，写入主站数据，如图 3-3-23 所示。

图 3-3-23 Modbus_Slave 指令

4. 程序测试

程序编译后，下载到 S7-1200 CPU 中，在“PLC_1[CPU 1214C DC/DC/DC]”和“PLC_2[CPU 1214C DC/DC/DC]”项目树下添加“监控表”，可以监控通信数据，如图 3-3-24 所示。在 PLC_2 中改变写入数据 DB100.DBW0 ~ DB100.DBW8 为 1111、2222、3333、4444、5555，PLC_1 中读取相应数据；在 PLC_1 中改变写入数据区 DB10.DBX10.0 ~ DB10.DBX10.4 为 1、0、1、0、1，对应的 PLC_2 中 Q0.0 ~ Q0.4 状态也发生了变化。

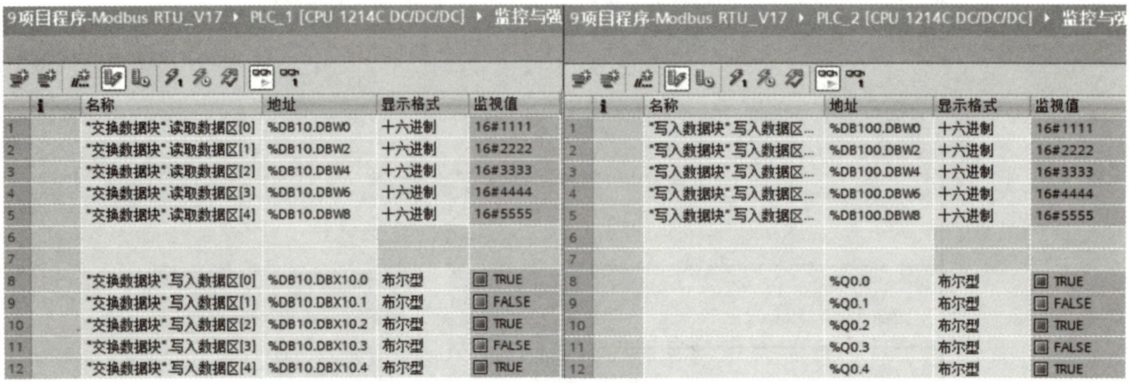

9项目程序-Modbus RTU_V17 ▸ PLC_1 [CPU 1214C DC/DC/DC] ▸ 监控与强

	i	名称	地址	显示格式	监视值
1		"交换数据块".读取数据区[0]	%DB10.DBW0	十六进制	16#1111
2		"交换数据块".读取数据区[1]	%DB10.DBW2	十六进制	16#2222
3		"交换数据块".读取数据区[2]	%DB10.DBW4	十六进制	16#3333
4		"交换数据块".读取数据区[3]	%DB10.DBW6	十六进制	16#4444
5		"交换数据块".读取数据区[4]	%DB10.DBW8	十六进制	16#5555
6					
7					
8		"交换数据块".写入数据区[0]	%DB10.DBX10.0	布尔型	TRUE
9		"交换数据块".写入数据区[1]	%DB10.DBX10.1	布尔型	FALSE
10		"交换数据块".写入数据区[2]	%DB10.DBX10.2	布尔型	TRUE
11		"交换数据块".写入数据区[3]	%DB10.DBX10.3	布尔型	FALSE
12		"交换数据块".写入数据区[4]	%DB10.DBX10.4	布尔型	TRUE

9项目程序-Modbus RTU_V17 ▸ PLC_2 [CPU 1214C DC/DC/DC] ▸ 监控与强

	i	名称	地址	显示格式	监视值
1		"写入数据块".写入数据区...	%DB100.DBW0	十六进制	16#1111
2		"写入数据块".写入数据区...	%DB100.DBW2	十六进制	16#2222
3		"写入数据块".写入数据区...	%DB100.DBW4	十六进制	16#3333
4		"写入数据块".写入数据区...	%DB100.DBW6	十六进制	16#4444
5		"写入数据块".写入数据区...	%DB100.DBW8	十六进制	16#5555
6					
7					
8			%Q0.0	布尔型	TRUE
9			%Q0.1	布尔型	FALSE
10			%Q0.2	布尔型	TRUE
11			%Q0.3	布尔型	FALSE
12			%Q0.4	布尔型	TRUE

图 3-3-24　监控表

3.3.4　任务总结

1）Modbus 设备之间的数据交换通过功能码实现，在 S7-1200 PLC Modbus RTU 通信中，不同的 Modbus RTU 协议数据地址区对应不同的 S7-1200 PLC 的数据区。

2）在进行 Modbus RTU 通信前，必须先执行 Modbus_Comm_Load 指令组态模块通信端口，然后才能使用通信指令进行 Modbus RTU 通信。

3）同一串行通信接口只能作为 Modbus RTU 主站或者从站，当同一串行通信接口使用多个 Modbus_Master 指令时，必须使用同一个背景数据块，用户程序必须使用轮询方式执行指令。

3.3.5　任务训练

1. 西门子 Modbus RTU 通信指令不包括（　　）。

A. Modbus_Master　　B. Modbus_Slave

C. Modbus_Send　　D. Modbus_Comm_Load

2. Modbus 通信的数据地址设为 40001 ~ 49999，则通信操作的模式为（　　）。

A. 位操作　　B. 字节操作　　C. 字操作　　D. 双字操作

3. 关于 Modbus_Master 指令的功能描述，以下错误的是（　　）。

A. MB_ADDR 为 Modbus RTU 从站地址，标准地址范围为 1 ~ 247

B. 在 REQ 信号输入的上升沿执行该指令

C. MODE 为模式选择，0 表示读操作，1 表示写操作

D. DATA_ADDR 为从站中的起始地址，设为 40001，则数据传输以位传输为单位

4. Modbus_Comm_Load 指令用于组态 RS485 通信模块端口的通信参数，对该指令描述正

确的是（　　）。

　　A. PORT 是通信端口的硬件标识符，本任务中手动输入 269

　　B. MB_DB 是对 Modbus_Master 指令或 Modbus_Slave 指令所使用的背景数据块的引用，手动输入配置信息

　　C. 如果上一个请求完成并且没有错误，则 DONE 位将变为 TRUE 并保持一个周期

　　D. REQ 需要始终为 1 才能执行通信

3.3.6　任务评价

请根据自己在本任务中的实际表现进行评价，见表 3-3-6。

表 3-3-6　任务评价表

项目	评分标准	分值	得分
接受工作任务	明确工作任务	5	
信息收集	博途软件的 Modbus RTU 通信指令和项目组态过程	15	
制定计划	工作计划合理可行，人员分工明确	10	
计划实施	Modbus RTU 通信指令格式及参数设置	20	
	主站 PLC 的项目组态、交换数据块中"读取和写入"数据区的设置	10	
	从站 PLC 的项目组态、写入数据块的设置	10	
	项目的通信测试及故障排查	20	
质量检查	按照要求完成相应任务	5	
评价反馈	经验总结到位，合理评价	5	
得分（满分 100）			

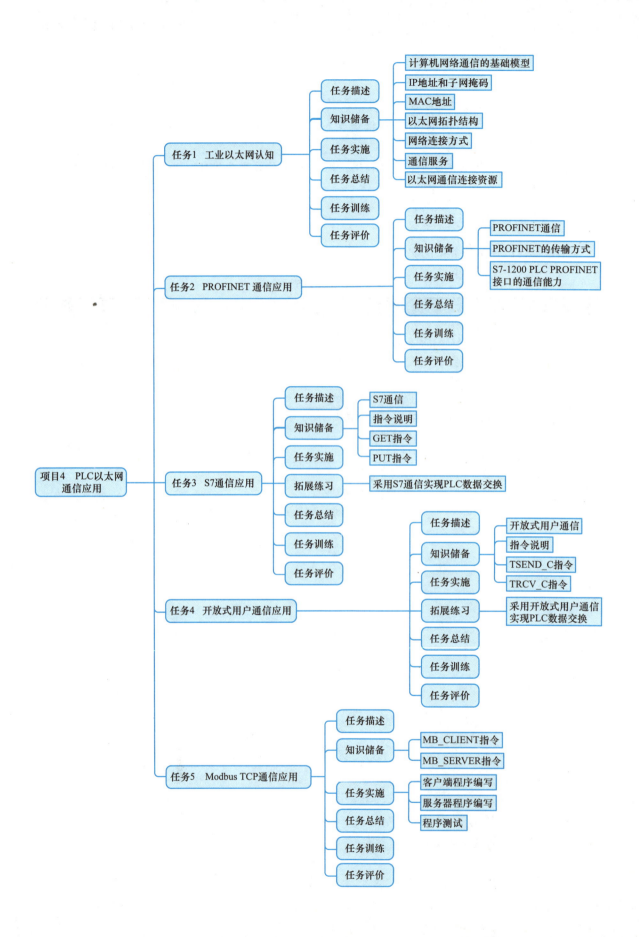

项目 4 PLC 以太网通信应用

任务 1 工业以太网认知

学习目的：
1. 掌握 S7-1200 PLC 以太网通信的基础知识；
2. 掌握 S7-1200 PLC 以太网接口网络连接方式、通信地址设置；
3. 了解 S7-1200 PLC 固件版本支持的协议和连接资源。

工业以太网已经广泛应用于工业自动化控制现场，具有传输速度快、数据量大、便于无线连接和抗干扰能力强等特点，已成为主流的总线网络。

4.1.1 任务描述

两台 S7-1200 PLC 进行以太网通信，一台 PLC 作为发送端，另一台 PLC 作为接收端。完成设备的电气原理图设计和硬件接线。本任务使用的硬件主要有：

1）CPU 1214C DC/DC/DC，两台，订货号为 6ES7 214-1AG40-0XB0。
2）编程计算机，一台，已安装博途专业版软件。
3）四口工业交换机，一台。

工业以太网认知

4.1.2 知识储备

工业以太网是在以太网技术和 TCP/IP 技术的基础上开发的一种工业网络，在技术上与商业以太网（即 IEEE802.3 标准）兼容，是根据工业应用环境对商业以太网技术通信实时性等进行改进，并添加了一些控制应用功能后形成的。

1. 计算机网络通信的基础模型

开放系统互连（Open System Interconnection，OSI）模型是由国际标准化组织（ISO）和国际电报电话咨询委员会（CCITT）联合制定的，它为开放式互连信息系统提供了一种功能结构的框架，OSI 模型已成为计算机网络通信的基础模型。

OSI 模型简化了相关的网络操作，提供了不同厂商产品之间的兼容性，促进了标准化工作，在结构上进行了分层，易于学习和操作。OSI 模型的七层结构分别是物理层、链路层、网络层、传输层、会话层、表示层和应用层。

① 物理层：提供建立、维护和拆除物理链路所需要的机械、电气、功能与规程。网卡、网线和集线器等属于物理层设备。

② 链路层：为网络层实体间提供数据发送和接收的功能与过程，提供数据链路的流控。网桥和交换机等属于链路层设备。

③ 网络层：具有控制分组传送系统的操作、路由选择、用户控制和网络互连等功能，它的作用是实现两个端系统之间的数据透明传送。路由器属于网络层设备。

④ 传输层：具有建立、维护和拆除传送连接的功能，为网络层提供最合适的服务，在系统之间提供可靠、透明的数据传送，提供端到端的错误恢复和流量控制。

⑤ 会话层：提供两个进程之间建立、维护和结束会话连接的功能。

⑥ 表示层：代表应用进程协商数据，可以完成数据转换、格式化和文本压缩。

⑦ 应用层：提供 OSI 用户服务，如事务处理程序、文件传送协议和网络管理等。

2. IP 地址和子网掩码

（1）IP 地址

IP 地址是指互联网协议地址（internet protocol address）。IP 地址是 IP 协议提供的一种统一的地址格式，即为互联网上的每个网络和每台主机都分配一个逻辑地址，以此来避免物理地址的差异。每个设备都必须具有一个 IP 地址。每个 IP 地址分为 4 段，每段占 8 位，用十进制格式表示（如 192.168.0.100）。

（2）子网掩码

子网掩码定义 IP 子网的边界。子网掩码不能单独存在，它必须结合 IP 地址一起使用。子网掩码只有一个作用，就是将某个 IP 地址划分成网络地址和主机地址两部分。子网掩码是一个 32 位地址，对于 A 类 IP 地址，默认的子网掩码是 255.0.0.0；对于 B 类 IP 地址，默认的子网掩码是 255.255.0.0；对于 C 类 IP 地址，默认的子网掩码是 255.255.255.0。

3. MAC 地址

在网络中，制造商为每个设备都分配了一个介质访问控制地址（MAC 地址）以进行标识。MAC 地址由 6 组数字组成，每组两个十六进制数（如 01-23-35-67-89-AB）。

4. 以太网拓扑结构

（1）总线型拓扑结构

早期以太网大多使用总线型拓扑结构，连接简单，通常在小规模的网络中不需要专用的网络设备，但由于其不易隔离故障点、易造成网络拥塞等缺点，所以已经逐渐被以集线器和交换机为核心的星形拓扑结构代替。

（2）星形拓扑结构

采用专用的网络设备（如交换机）作为核心节点，通过双绞线结构将局域网中的各台主机连接到核心节点上，就形成了星形拓扑结构。星形拓扑结构虽然需要的线缆比总线型拓扑结构多，但其连接器比总线型拓扑结构的连接器便宜。此外，星形拓扑结构可以通过级联的方式很方便地将网络扩展到很大的规模，因此得到了广泛应用，被绝大部分的以太网采用。

总线型拓扑结构和星形拓扑结构如图 4-1-1 所示。

5. 网络连接方式

S7-1200 PLC 本体集成一个或两个以太网接口，其中 CPU1211、CPU1212 和 CPU1214 集成一个以太网接口，如图 4-1-2 所示。CPU1215 和 CPU1217 集成两个以太网接口，两个以太网接口共用一个 IP 地址，具有交换机的功能。当 S7-1200 PLC 需要连接多个以太网设备时，可以通过交换机扩展接口。

项目4 PLC以太网通信应用

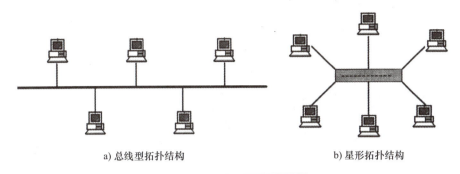

a) 总线型拓扑结构　　　　　　　　b) 星形拓扑结构

图 4-1-1　以太网拓扑结构

S7-1200 CPU 的 PROFINET 接口有两种网络连接方法。

（1）直接连接

当一台 S7-1200 CPU 与一台编程设备、HMI 或其他 PLC 通信时，也就是说，当只有两台通信设备时，可以实现直接通信。直接连接不需要使用交换机，直接用网线连接两个设备即可，如图 4-1-3 所示。

PROFINET接口

图 4-1-2　CPU1214 的 PROFINET 接口　　　　图 4-1-3　直接连接

（2）交换机连接

当两台以上的 CPU 或 HMI 设备连接网络时，需要增加以太网交换机，使用加装在机架上的 CSM1277 四端口以太网交换机来连接多台 CPU 和 HMI 设备，如图 4-1-4 所示。CSM1277 交换机是即插即用的，使用前不需要进行任何设置。

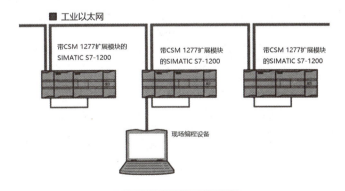

图 4-1-4　交换机连接

6. 通信服务

S7-1200 PLC 通过以太网接口可以支持实时通信和非实时通信。实时通信包括 PROFINET 通信，非实时通信包括 PG 通信、HMI 通信、S7 通信、Modbus TCP 通信和开放式用户通信。通信服务见表 4-1-1。

表 4-1-1　通信服务

通信服务	功　能	使用以太网口
PROFINET 通信	I/O 控制器和 I/O 设备之间的数据交换	√
PG 通信	调试、测试、诊断	√
HMI 通信	操作员控制和监视	√
S7 通信	使用已组态连接交换数据	√
Modbus TCP 通信	使用 Modbus TCP 通过工业以太网交换数据	√
开放式用户通信	使用 TCP/IP、ISO on TCP、UDP 通过工业以太网交换数据	√

注：√表示支持。

7. 以太网通信连接资源

S7-1200 PLC 以太网接口分配给每个通信服务的最大连接资源数为固定值，但可组态 6 个"动态连接"，在 CPU 硬件组态的"属性"→"常规"→"连接资源"中可以查看，S7-1200 硬件固态版本号 V2.0 和 V4.0 以上所支持的通信功能有所不同，如图 4-1-5 所示。

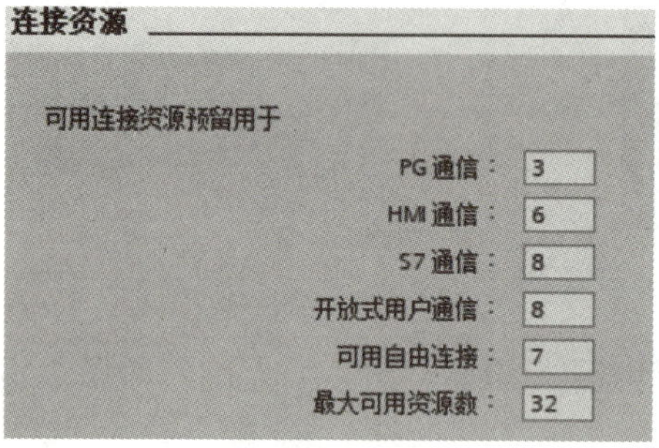

a) V2.2 版本

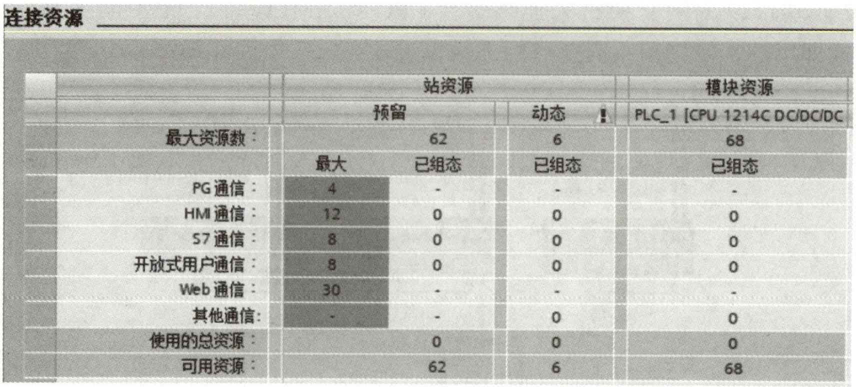

b) V4.4 版本

图 4-1-5　S7-1200 PLC 以太网连接资源

具体分析如下：

（1）固件版本 V2.0～V2.2 支持的协议和最大连接资源

对于固件版本 V2.0～V2.2 的 CPU 单元，其连接资源为：6 个连接用于与触摸屏的通信，3 个连接用于与编程设备（PG）的通信，8 个连接用于 Open IE（TCP、ISO on TCP、UDP）的编程通信，8 个连接用于 S7 通信，可以实现与其他 S7 服务器的 S7 通信。连接数是固定不变的，不能自定义。作为 PROFINET I/O 控制器，最多可与 8 个 I/O 设备通信。

（2）固件版本 V4.0～V4.4 支持的协议和最大连接资源

对于固件版本 V4.0～V4.4 的 CPU 单元，PROFINET 通信口主要支持以下通信协议及服务：PROFINET I/O 通信（I/O 控制器、智能设备、共享设备）、PG 通信（编程调试）、HMI 通信、S7 通信、开放式用户通信（TCP、ISO on TCP、UDP）、Modbus TCP、Email、Web 服务器、OPC UA 服务器。分配给每个类别的预留连接资源数为固定值，用户无法更改。

4.1.3 任务实施

两台 S7-1200 PLC 电气原理图设计如图 4-1-6 所示，硬件接线如图 4-1-7 所示。

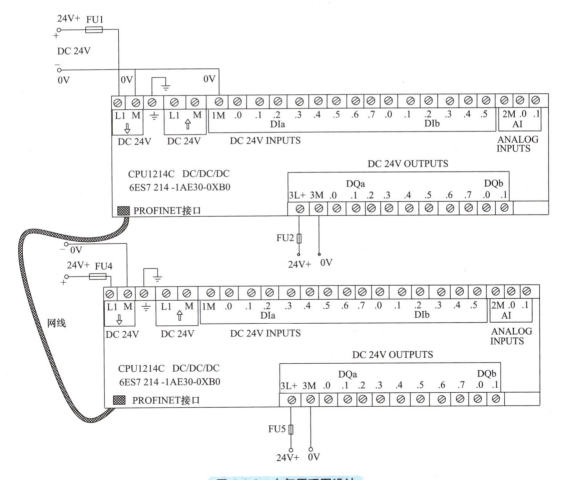

图 4-1-6　电气原理图设计

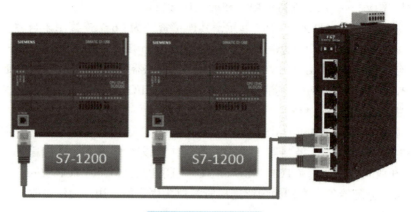

图 4-1-7　硬件接线

4.1.4　任务总结

1）西门子 S7-1200 PLC 的以太网通信功能强大，兼容 PROFINET、PROFIBUS、S7、TCP 及 Modbus TCP 等，可以通过交换机组建与多种外部设备的通信网络。

2）S7-1200 PLC 硬件固态版本 V2.0 和 V4.0 以上所支持的通信功能有所不同，通信前要先了解设备硬件固态版本。

3）构建通信网络时要确保主站和从站设备处于局域网内，应设置好 IP 地址和子网掩码。

4.1.5　任务训练

1. OSI 模型七层结构分别是物理层、链路层、网络层、（　　　）、会话层、表示层和（　　　）。

　A. 传输层，应用层　　　　　　　　　B. 路由层，应用层
　C. 传输层，数据层　　　　　　　　　D. 应用层，维护层

2.（　　　）具有建立、维护和拆除传送连接的功能。

　A. 物理层　　　　B. 链路层　　　　C. 传输层　　　　D. 会话层

3. IP 地址是互联网协议地址，每个设备都必须具有一个 IP 地址，每个 IP 地址分为 4 段，每段占（　　　）位。

　A. 2　　　　　　B. 4　　　　　　C. 6　　　　　　D. 8

4. 每个设备都必须具有一个 IP 地址，以下 IP 地址格式不正确的是：（　　　）。

　A. 128.120.2.10　　B. 158.200.0.1　　C. 192.168.0.11　　D. 500.200.10.12

5. S7-1200 PLC CPU1214 集成（　　　）个以太网接口，CPU1215 集成（　　　）个以太网接口，当 S7-1200 PLC 需要连接多个以太网设备时，可以通过交换机扩展接口。

　A. 1，1　　　　　B. 2，2　　　　　C. 1，2　　　　　D. 2，1

4.1.6　任务评价

请根据自己在本任务中的实际表现进行评价，见表 4-1-2。

表 4-1-2　任务评价表

项目	评分标准	分值	得分
接受工作任务	明确工作任务	5	
信息收集	以太网通信相关知识、西门子 S7-1200 PLC 的以太网通信协议	15	
制定计划	工作计划合理可行，人员分工明确	10	
计划实施	了解以太网通信基础知识	20	
	了解 S7-1200 PLC 以太网通信连接方式及协议	10	
	了解 S7-1200 PLC 的以太网连接资源	10	
	以太网通信电气原理图设计及硬件接线	20	
质量检查	按照要求完成相应任务	5	
评价反馈	经验总结到位，合理评价	5	
得分（满分 100）			

任务 2　PROFINET 通信应用

> **学习目的：**
> 1. 掌握 S7-1200 PLC PROFINET 通信的相关知识；
> 2. 掌握 PROFINET 通信的硬件组态、以太网接口参数设置；
> 3. 能够编写程序实现两台 PLC 的在线通信和调试。

4.2.1　任务描述

在任务 1 的硬件接线基础上完成 PROFINET I/O 通信应用实例：两台 PLC 采用 PROFINET 通信，用 A 号 PLC 的输入 IB0 控制 B 号 PLC 的输出 QB0，B 号 PLC 的输入 IB0 控制 A 号 PLC 的输出 QB0，其内部数据交换区设为 IB2 ←→ QB2，数据交换示意图如图 4-2-1 所示。

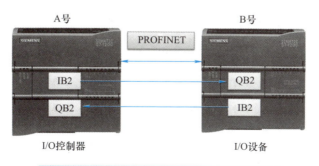

图 4-2-1　PROFINET 通信数据交换示意图

本任务使用的硬件主要有：

1）CPU 1214C DC/DC/DC，两台，订货号为 6ES7 214-1AG40-0XB0。

2）四口交换机，一台。

3）编程计算机，一台，已安装博途专业版软件。

4.2.2 知识储备

1. PROFINET 通信

PROFINET 基于工业以太网技术，使用 TCP/IP 和 IT 标准，是一种实时的现场总线标准。PROFINET 为自动化通信领域提供了一个完整的网络解决方案，包括实时以太网、运动控制、分布式自动化、故障安全及网络安全等应用，可以实现通信网络的"一网到底"，即从上到下都可以使用同一网络。西门子在多年前就已经推出了 PROFINET，目前已大规模应用于各个行业。

PROFINET 通信设备分为 I/O 控制器、I/O 设备和 I/O 监视器。

1）I/O 控制器是用于对连接的 I/O 设备进行寻址的设备，I/O 控制器与分配的现场设备交换输入信号和输出信号。

2）I/O 设备是分配给其中一个 I/O 控制器的分布式现场设备，如远程 I/O 设备、变频器和伺服控制器等。

3）I/O 监控器是用于调试和诊断的编程设备，如 PC 或 HMI 设备等。

2. PROFINET 的传输方式

1）非实时数据传输（NRT）。

2）实时数据传输（RT）。

3）等时实时数据传输（IRT）。

PROFINET 通信使用 OSI 模型第①层、第②层和第⑦层，支持灵活的拓扑方式，如总线型、星形等。S7-1200 PLC 通过集成的以太网接口，既可以作为 I/O 控制器控制现场 I/O 设备，又可以作为 I/O 设备被上一级 I/O 控制器控制，此功能称为智能 I/O 设备功能。

3. S7-1200 PLC PROFINET 接口的通信能力

S7-1200 PLC PROFINET 接口的通信能力见表 4-2-1。

表 4-2-1 S7-1200 PLC PROFINET 接口的通信能力

CPU 硬件版本	接口类型	控制器功能	智能 I/O 设备功能	可带 I/O 设备最大数量
V4.0	PROFINET	√	√	16
V3.0	PROFINET	√	×	16
V2.0	PROFINET	√	×	8

注：√表示支持，×表示不支持。

4.2.3 任务实施

（1）添加设备

在 TIA Portal 软件中新建项目，命名为"PROFINET I/O 通信"，在项目下添加两个 S7-1200 的新设备（固件版本 V4.0 以上），A 号 PLC 命名为"IO 控制设备"，B 号 PLC 命名为"IO 智能设备"，如图 4-2-2 所示。

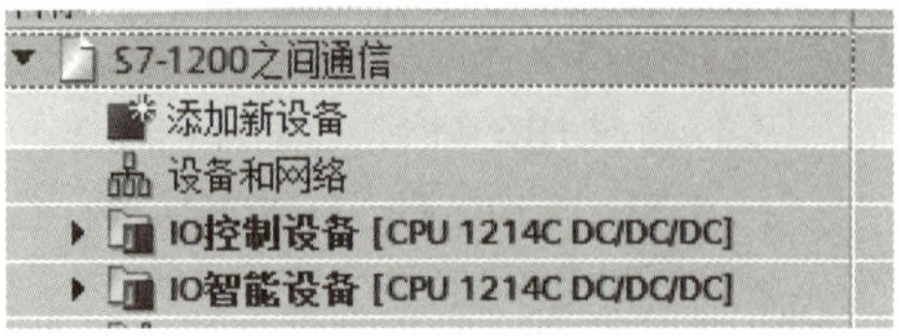

（2）设置"IO 控制设备"的以太网接口参数

在"项目树"中，单击"IO 控制设备[CPU 1214C DC/DC/DC]"下拉按钮，双击"设备组态"选项，在"设备视图"的工作区中，选中 PLC_1，依次单击其巡视窗格中的"属性"→"常规"→"PROFINET 接

图 4-2-2 添加新设备

口"→"以太网地址"选项,修改以太网 IP 地址,如图 4-2-3 所示。

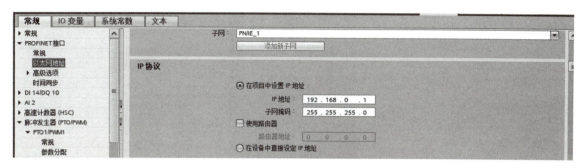

图 4-2-3　IP 地址设置

(3) 设置"IO 智能设备"的以太网接口参数

以同样的方式设置"IO 智能设备 [CPU 1214C DC/DC/DC]"的 IP 地址为"192.168.0.2"。

对于智能设备的以太网接口参数的设置,除需设置以太网地址外,还需要设置操作模式、传输区,在"硬件组态"→"PROFINET 接口 _1"→"操作模式"选项中设置操作模式和传输区两部分内容,如图 4-2-4 所示。

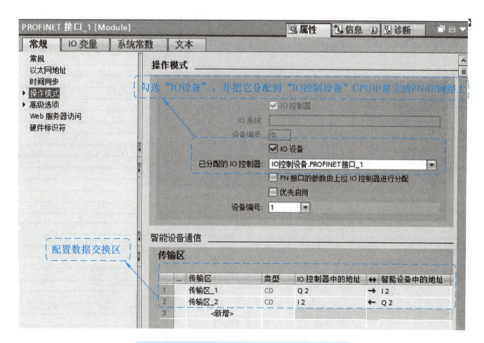

图 4-2-4　IO 智能设备以太网接口设置

注意:传输区地址是从 2 开始分配的,为什么不是从 I0 和 Q0 开始呢?观察 S7-1200 CPU 1214C 的 CPU 单元,可以发现输入地址的 IB0 和 IB1、输出地址的 QB0 和 QB1 已经占用,如图 4-2-5 所示,并可以与外部的输入元件和负载相连接,所以传输区地址就只能从 2 开始了。

(4) 编写变量表

"IO 控制设备"(A 号 PLC)的变量表如图 4-2-6 所示。

"IO 智能设备"(B 号 PLC)的变量表如图 4-2-7 所示。

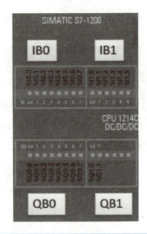

图 4-2-5　S7-1200 CPU 1214C 的 CPU 单元 I/O 分配

变量表_1

		名称	数据类型	地址	保持	可从 ...	从 H...	在 H...
1		接收数据区	Byte	%IB2	☐	☑	☑	☑
2		发送数据区	Byte	%QB2	☐	☑	☑	☑
3		本地输入	Byte	%IB0	☐	☑	☑	☑
4		本地输出	Byte	%QB0	☐	☑	☑	☑

图 4-2-6　“IO 控制设备” PLC 变量表

变量表_1

		名称	数据类型	地址	保持	可从 ...	从 H...	在 H...
1		接收数据区	Byte	%IB2	☐	☑	☑	☑
2		发送数据区	Byte	%QB2	☐	☑	☑	☑
3		本地输入	Byte	%IB0	☐	☑	☑	☑
4		本地输出	Byte	%QB0	☐	☑	☑	☑

图 4-2-7　“IO 智能设备” PLC 变量表

（5）编写控制程序并分别下载到各自的 PLC 中，如图 4-2-8 所示

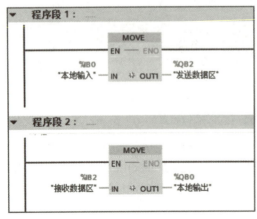

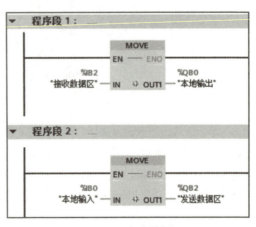

a) “IO 控制设备”　　b) “IO 智能设备”

图 4-2-8　“IO 控制设备”和“IO 智能设备”程序

对于"IO 控制设备":程序段 1 把"IO 控制设备"输入点 IB0 的状态输入到 QB2 中,发送给"IO 智能设备";程序段 2 读取"IO 智能设备"传输过来的状态并存放到控制设备的 QB0 中。

对于"IO 智能设备":程序段 1 把从控制设备接收到的数据送入"IO 智能设备"的 QB0 中,程序段 2 把"IO 智能设备"IB0 的状态送入到 QB2,并发送给"IO 控制设备"。

(6)程序测试

程序编译后,下载到 S7-1200 CPU 中,在"PLC_1[CPU 1214C DC/DC/DC]"和"PLC_2[CPU 1214C DC/DC/DC]"项目树下添加"监控表",可以监控通信数据。

"IO 控制设备"的监控表命名为 PLC1,"IO 智能设备"的监控表命名为 PLC2,分别将要监控的 I/O 地址写入监控表。从监控表可以看出,按下 PLC1 的 I0.1,Q2.1 变为 1 并将数据发送给 PLC2 的 I2.1,PLC2 的 Q0.1 得电;按下 PLC1 的 I0.5,PLC2 的 Q0.5 得电;按下 PLC2 的 I0.2,Q2.2 变为 1 并将数据发送给 PLC1 的 I2.2,PLC1 的 Q0.2 得电,如图 4-2-9 所示。

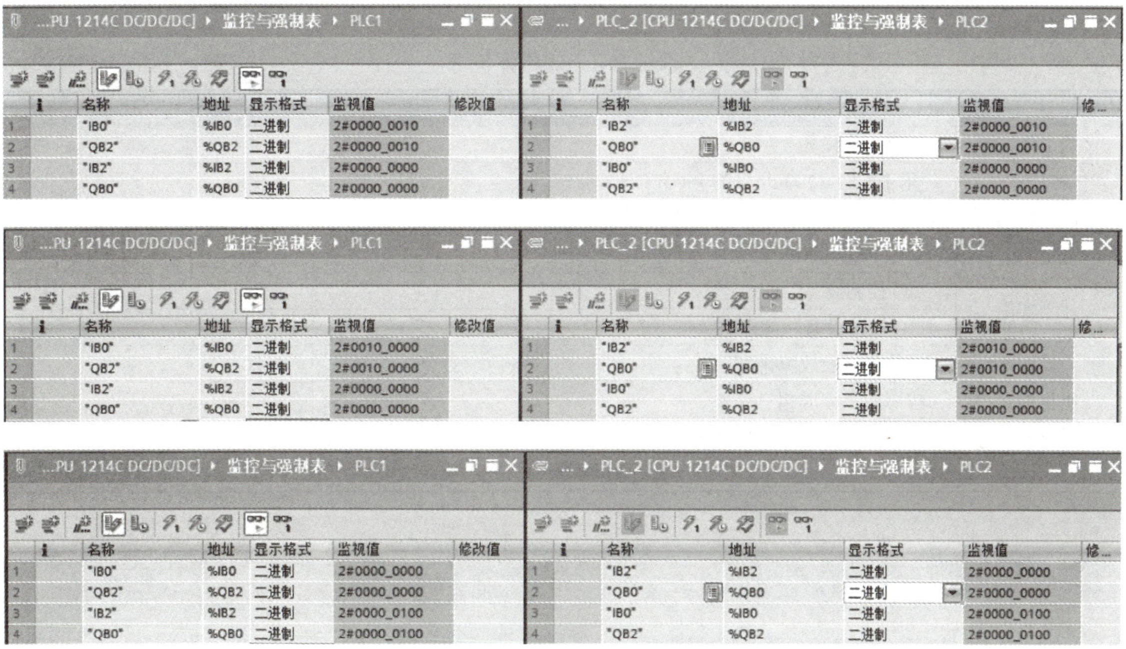

图 4-2-9　PROFINET 通信测试

4.2.4　任务总结

1)PROFINET 是基于连接的通信,需要组态通信连接,当连接断开时,CPU 故障灯会点亮。

2)S7-1200 PLC 在 PROFINET 网络中,可以同时作为 I/O 控制器和 I/O 设备存在。

3)以太网通信距离在 100m 以内,可以使用光纤等设备延长网络通信距离。

4.2.5　任务训练

1.PROFINET 基于工业以太网技术,使用 TCP/IP 和 IT 标准,是一种实时的现场总线标准。以下不属于 PROFINET I/O 设备的是(　　)。

A. I/O 控制器　　　　B. I/O 设备　　　　C. I/O 监视器　　　　D. I/O 通信块

2. 在图 4-2-1 所示的西门子 PROFINET 通信中，关于 A 号 I/O 控制器和 B 号 I/O 设备之间的 I/O 交换关系，表述不正确的是（　　）。

A. 当 A 号 PLC 的 I2.0 为 1 时，B 号 PLC 的 Q2.0 也变为 1

B. 当 A 号 PLC 的 IB2 变为 00111100 时，B 号 PLC 的 QB2 也变为 00111100

C. 当 A 号 PLC 的 QB2 变为 11001100 时，B 号 PLC 的 IB2 也变为 11001100

D. 当 B 号 PLC 的 Q2.0 为 1 时，A 号 PLC 的 I2.0 为 0

3. 除了要设置以太网通信地址外，在 PROFINET I/O（　　）需要设置操作模式和传输区。

A. 控制器　　　　　　B. 设备

C. 监视器　　　　　　D. 控制器和设备

4.2.6　任务评价

请根据自己在本任务中的实际表现进行评价，见表 4-2-2。

表 4-2-2　任务评价表

项目	评分标准	分值	得分
接受工作任务	明确工作任务	5	
信息收集	西门子 S7-1200 PLC 的 PROFINET 通信	15	
制定计划	工作计划合理可行，人员分工明确	10	
计划实施	学习 PROFINET 通信的基础知识	10	
	"IO 控制设备"的组态	20	
	"IO 智能设备"的组态	10	
	通信测试及故障排查	20	
质量检查	按照要求完成相应任务	5	
评价反馈	经验总结到位，合理评价	5	
得分（满分 100）			

任务 3　S7 通信应用

学习目的：

1. 掌握 S7-1200 PLC S7 通信的相关知识；

2. 掌握 S7 通信的硬件组态、以太网接口参数设置；

3. 掌握 PLC PUT、GET 通信指令的编写；

4. 能够编写程序实现两台 PLC 的在线通信和调试。

4.3.1　任务描述

两台 S7-1200 PLC 进行 S7 通信，一台作为客户端，另一台作为服务器。客户端将服务器的 MW100～MW108 中的数据读取到客户端的 DB10.DBW0～DB10.DBW8 中；客户端将 DB10.DBW10～DB10.DBW18 的数据写入服务器的 MW200～MW208 中，如图 4-3-1 所示。

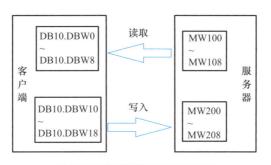

S7 通信应用

图 4-3-1　数据交换示意图

本任务使用的硬件主要有：

1）CPU 1214C DC/DC/DC，两台，订货号为 6ES7 214-1AG40-0XB0。

2）四口交换机，一台。

3）编程计算机，一台，已安装博途专业版软件。

4.3.2　知识储备

1.S7 通信

S7 通信是西门子 S7 系列 PLC 基于 MPI、PROFIBUS 和以太网的一种优化的通信，它是面向连接的通信，在进行数据交换前，必须与通信伙伴建立连接。S7 通信协议是 S7 系列 PLC 特有，属于西门子私有协议，通信系统架构如图 4-3-2 所示。

图 4-3-2　S7 通信系统架构

S7 通信服务集成在 S7 控制器中，属于 OSI 模型第⑦层（应用层）的服务，采用客户端 – 服务器原则。S7 连接属于静态连接，可以与同一个通信伙伴建立多个连接，同一时刻可以访问的通信伙伴的数量取决于 CPU 的连接资源。S7-1200 PLC 通过集成的 PROFINET 接口支持 S7 通信，采用单边通信方式，只要客户端调用 PUT/GET 通信指令即可。

2. 指令说明

在"指令"窗格中选择"通信"→"S7 通信"选项，出现 S7 通信指令列表，如图 4-3-3 所示。S7 通信指令列表中主要包括两个通信指令：GET 指令和 PUT 指令，将指令块拖拽到程序工作区中即可自动分配背景数据块，背景数据块的名称可自行修改，编号可以手动或自动分配。

图 4-3-3 S7 通信指令列表

3. GET 指令

（1）指令介绍

GET 指令可以从远程伙伴 CPU 读取数据。无论伙伴 CPU 处于何种模式，S7 通信都可以正常运行，该指令如图 4-3-4 所示。

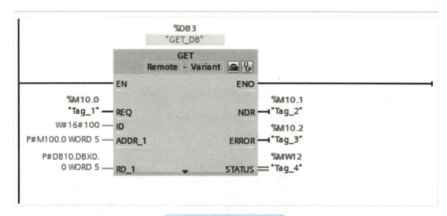

图 4-3-4 GET 指令

（2）指令参数

GET 指令引脚参数说明见表 4-3-1。

表 4-3-1 GET 指令引脚参数说明

引脚参数	数据类型	说明
REQ	Bool	在上升沿时执行该指令
ID	Word	用于指定与伙伴 CPU 连接的寻址参数
ADDR_1	REMOTE	指向伙伴 CPU 中待读取区域的指针 当访问某个数据块时，必须始终指定该数据块 示例：P#DB10.DBX5.0 WORD 10
ADDR_2	REMOTE	
ADDR_3	REMOTE	
ADDR_4	REMOTE	
RD_1	VARIANT	指向本地 CPU 输入已读数据区域的指针
RD_2	VARIANT	
RD_3	VARIANT	
RD_4	VARIANT	
NDR	Bool	0 表示作业尚未开始或仍在运行；1 表示作业已成功完成
ERROR	Bool	如果上一个请求有错误产生，那么 ERROR 位将变为 TRUE 并保持一个周期
STATUS	Word	错误代码

4. PUT 指令

（1）指令介绍

PUT 指令可以将数据写入一个远程伙伴 CPU。无论伙伴 CPU 处于何种模式，S7 通信都可以正常运行，该指令如图 4-3-5 所示。

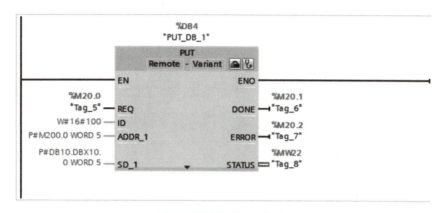

图 4-3-5　PUT 指令

（2）指令参数

PUT 指令引脚参数说明见表 4-3-2。

表 4-3-2　PUT 指令引脚参数说明

引脚参数	数据类型	说明
REQ	Bool	在上升沿时执行该指令
ID	Word	用于指定与伙伴 CPU 连接的寻址参数
ADDR_1	REMOTE	指向伙伴 CPU 中待写入区域的指针 当访问某个数据块时，必须始终指定该数据块 示例：P#DB10.DBX5.0 WORD 10
ADDR_2	REMOTE	
ADDR_3	REMOTE	
ADDR_4	REMOTE	
SD_1	VARIANT	指向本地 CPU 读取数据区域的指针
SD_2	VARIANT	
SD_3	VARIANT	
SD_4	VARIANT	
DONE	Bool	完成位
ERROR	Bool	如果上一个请求有错误产生，那么 ERROR 位将变为 TRUE 并保持一个周期
STATUS	Word	错误代码

4.3.3　任务实施

（1）新建项目及组态客户端 S7-1200 PLC

打开博途软件，在 Portal 视图中，单击"创建新项目"选项，在弹出的界面中输入项目名称、路径和作者等信息，然后单击"创建"按钮即可生成新项目。

进入项目视图，在左侧的"项目树"中，单击"添加新设备"选项，弹出"添加新设备"对话框，在此对话框中选择 CPU 型号和版本号（必须与实际设备相匹配），本任务选择

CPU 1214C DC/DC/DC，然后单击"确定"按钮。

（2）设置客户端 CPU 属性

在"项目树"中，单击"PLC_1[CPU 1214C DC/DC/DC]"下拉按钮，双击"设备组态"选项，在"设备视图"的工作区中，选中 PLC_1，依次单击其巡视窗格中的"属性"→"常规"→"PROFINET 接口 [X1]"→"以太网地址"选项，修改以太网 IP 地址为"192.168.0.1"。

依次单击其巡视窗格的"属性"→"常规"→"系统和时钟存储器"选项，激活"启用时钟存储器字节"复选框。备注：程序中会用到时钟存储器 M0.5。

（3）组态服务器 S7-1200 PLC

进入项目视图，在左侧的"项目树"中，单击"添加新设备"选项，弹出"添加新设备"对话框，在此对话框中选择 CPU 型号和版本号（必须与实际设备相匹配），本任务选择 CPU 1214C DC/DC/DC，然后单击"确定"按钮。

（4）设置服务器 CPU 属性

在"项目树"中，单击"PLC_1[CPU 1214C DC/DC/DC]"下拉按钮，双击"设备组态"选项，在"设备视图"的工作区中，选中 PLC_1，依次单击其巡视窗格中的"属性"→"常规"→"PROFINET 接口 [X1]"→"以太网地址"选项，修改以太网 IP 地址为"192.168.0.2"。

依次单击其巡视窗格的"属性"→"常规"→"防护与安全"→"连接机制"选项，激活"允许来自远程对象的 PUT/GET 通信访问"复选框，如图 4-3-6 所示。

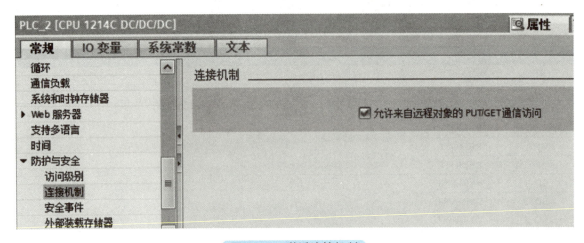

图 4-3-6　激活连接机制

（5）组态 S7 连接

在"项目树"中，选择"设备和网络"选项，在网络视图中，单击"连接"按钮，在"连接"下拉列表中选择"S7 连接"，用鼠标选中 PLC_1 的 PROFINET 通信口的绿色小方框，然后拖拽出一条线，到 PLC_2 的 PROFINET 通信口的绿色小方框，然后松开鼠标，连接就建立起来了。组态完成的 S7 连接如图 4-3-7 所示。

（6）创建客户端 PLC 变量表

在"项目树"中，依次单击"PLC_1[CPU 1214C DC/DC/DC]"→"PLC 变量"选项，双击"添加新变量表"选项，并将新添加的变量表命名为"PLC 变量表"，然后在"PLC 变量表"中新建变量，如图 4-3-8 所示。

项目4　PLC以太网通信应用

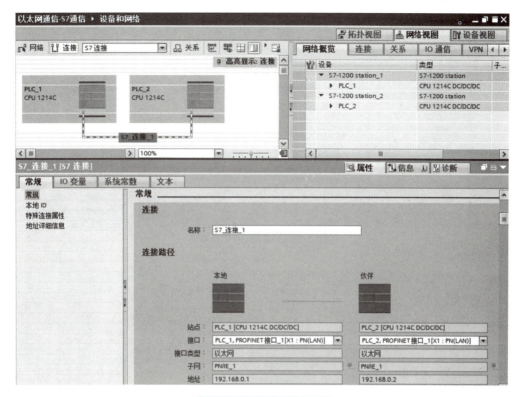

图 4-3-7　组态 S7 连接

图 4-3-8　客户端 PLC 变量表

（7）创建接收和发送数据区

1）在"项目树"中，依次选择"PLC_1[CPU 1214C DC/DC/DC]"→"程序块"→"添加新块"选项，选择"数据块（DB）"选项创建数据块，数据块名称为"交换数据块"，手动修改数据块编号为"10"，然后单击"确定"按钮，在数据块属性中取消勾选"优化的块访问"复选框，然后单击"确定"按钮，如图 4-3-9 所示。

2）在数据块中创建 5 个字的数组存放接收数据，5 个字的数组存放发送数据，如图 4-3-10 所示。

（8）编写 OB1 主程序

1）编写 GET 指令程序。当 M0.5 上升沿有效时，执行 GET 指令，发送缓冲区中的数据。调用 GET 指令时在"属性"选项卡中设置连接参数，如图 4-3-11 所示，数据发送程序如图 4-3-12 所示。

179

工控网络与组态技术

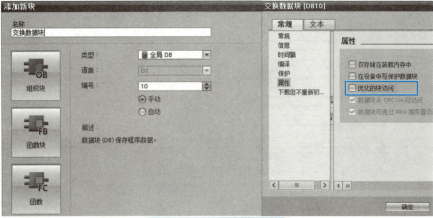

图 4-3-9 数据块的创建

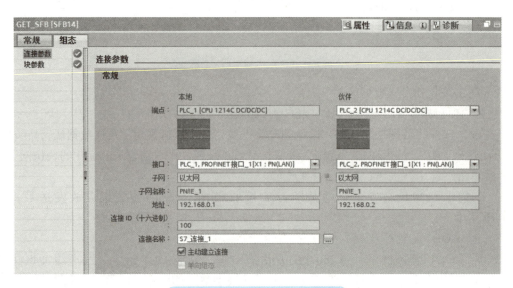

图 4-3-10 接收和发送数据区设置

图 4-3-11 GET 指令参数设置

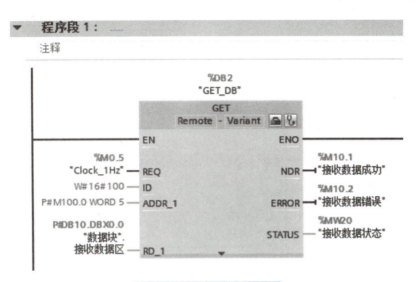

图 4-3-12　GET 指令程序

主要参数说明如下：

① REQ 输入引脚为时钟存储器 M0.5，在上升沿时执行指令。

② ID 输入引脚与连接配置中一致，为 16#100。

③ ADDR_1 输入引脚为通信伙伴数据区的发送地址。

④ RD_1 输入引脚为本地接收数据区。

2）编写 PUT 指令程序，调用 PUT 指令时在"属性"选项卡中设置连接参数，如图 4-3-13 所示，PUT 指令程序如图 4-3-14 所示。

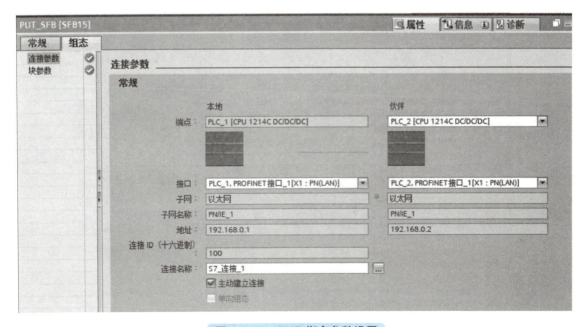

图 4-3-13　PUT 指令参数设置

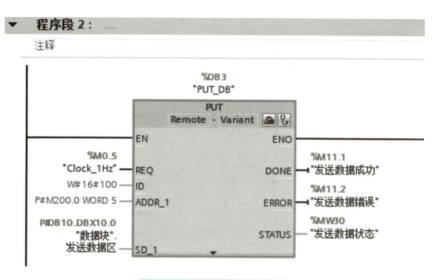

图 4-3-14　PUT 指令程序

主要参数说明如下：

① REQ 输入引脚为时钟存储器 M0.5，在上升沿时指令执行。

② ID 输入引脚与连接配置中一致，为 16#100。

③ ADDR_1 输入引脚为从通信伙伴数据区读取数据的地址。

④ SD_1 输入引脚为本地发送数据区。

（9）程序测试

程序编译后，下载到 S7-1200 CPU 中，通过 PLC 监控表监控通信数据。PLC 监控表如图 4-3-15 和图 4-3-16 所示。

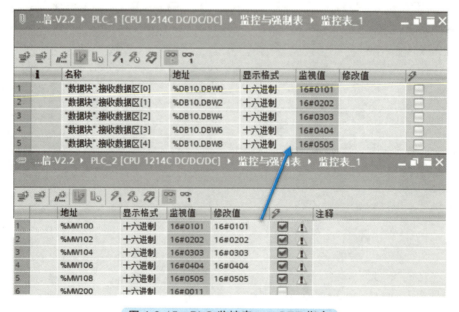

图 4-3-15　PLC 监控表——GET 指令

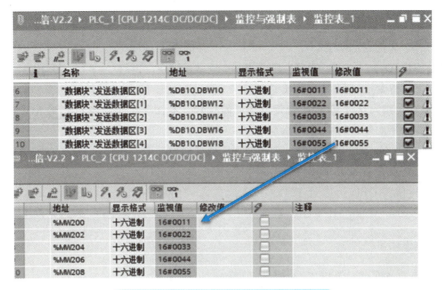

图 4-3-16　PLC 监控表——PUT 指令

4.3.4　拓展练习

PLC1 与 PLC2 的数据交换区域如图 4-3-17 所示。请完成项目组态过程，并进行调试。

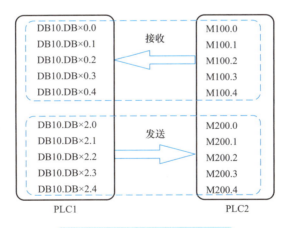

图 4-3-17　PLC 数据交换区域

4.3.5　任务总结

1）S7 通信协议是西门子公司的私有协议，它是面向连接的协议，在进行数据交换前，必须与通信伙伴建立连接。

2）GET 指令可以从远程伙伴 CPU 读取数据，PUT 指令可以将数据写入一个远程伙伴 CPU。伙伴 CPU 可以处于 RUN 模式或 STOP 模式，无论伙伴 CPU 处于何种模式，S7 通信都可以正常运行。

3）S7 通信要激活允许来自远程对象的 PUT/GET 通信访问，其 ADDR_1 引脚输入从通信伙伴数据区读取数据或往通信伙伴数据区写入数据的地址。

4.3.6 任务训练

1. 西门子 S7 通信通过调用（　　）和（　　）指令实现通信。
   A. PUT，SEND　　　B. GET，SEND　　　C. GET，PUT　　　D. PUT，RECEIVE

2. 关于 GET 指令描述错误的是（　　）。
   A. ADDR_1 是指向伙伴 CPU 中待读取区域的指针，本任务指向伙伴 PLC 的 MW100~MW108
   B. REQ 在信号上升沿时执行该指令
   C. RD_1 指向本地 CPU 中用于输入已读数据区域的指针，本任务指向 DB10.DBW0~DB10.DBW8
   D. NDR 为 0 表示作业已成功完成

3. S7 通信时伙伴 CPU 可以处于（　　）模式，S7 通信都可以正常运行。
   A. STOP　　　B. RUN　　　C. STOP 或 RUN　　　D. 以上都不对

4.3.7 任务评价

请根据自己在本任务中的实际表现进行评价，见表 4-3-3。

表 4-3-3　任务评价表

项目	评分标准	分值	得分
接受工作任务	明确工作任务	5	
信息收集	西门子 S7-1200 PLC 的 S7 通信指令和项目组态过程	15	
制定计划	工作计划合理可行，人员分工明确	10	
计划实施	S7 通信指令 PUT 和 GET 格式及参数设置	20	
	客户端 PLC 的项目组态、接收和发送数据块的设置	10	
	服务器 PLC 的项目组态	10	
	通信测试及故障排查	20	
质量检查	按照要求完成相应任务	5	
评价反馈	经验总结到位，合理评价	5	
得分（满分 100）			

任务 4　开放式用户通信应用

学习目的：
1. 掌握 S7-1200 PLC 开放式用户通信的相关知识；
2. 掌握开放式用户通信的硬件组态、以太网接口参数设置；
3. 掌握 TSEND_C 和 TRCV_C 指令的编写；
4. 能够编写程序实现两台 PLC 的在线通信和调试。

4.4.1 任务描述

两台 S7-1200 PLC 进行开放式用户通信，一台作为客户端，另一台作为服务器。客户端将 DB10.DBW0~DB10.DBW8 中的数据写到服务器的 DB100.DBW0~DB100.DBW8 中，如图 4-4-1 所示。

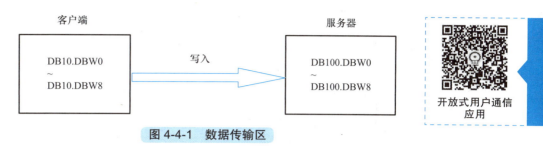

图 4-4-1 数据传输区

本任务使用的硬件主要有：

1）CPU 1214C DC/DC/DC，两台，订货号为 6ES7 214-1AG40-0XB0。

2）四口交换机，一台。

3）编程计算机，一台，已安装博途专业版软件。

4.4.2 知识储备

1. 开放式用户通信

开放式用户通信（OUC 通信）是基于以太网进行数据交换的协议，适用于 PLC 之间、PLC 与第三方设备、PLC 与高级语言等进行数据交换。开放式用户通信的通信连接方式有：

1）TCP 通信连接方式。该通信连接方式支持 TCP/IP 的开放式数据通信。TCP/IP 采用面向数据流的数据传送，发送的长度最好是固定的。如果长度发生变化，在接收区需要判断数据流的开始和结束位置，比较烦琐，并且需要考虑发送和接收的时序问题。

2）ISO-on-TCP 通信连接方式。由于 ISO 不支持以太网路由，所以西门子应用 RFC1006 将 ISO 映射到 TCP，从而实现网络路由。

3）UDP（user datagram protocol）通信连接方式。该通信连接方式属于 OSI 模型第④层协议，支持简单数据传输，数据无须确认。与 TCP 通信连接方式相比，UDP 通信连接方式不需要建立连接。

TCP 通信连接方式是有真实的数据传输通道的，其执行与打电话的过程类似。一个人要想给另一个人打电话，首先要拨号，一旦对方接起电话，两人之间就建立了一条专用的通信信道。如果断线，则需要重新拨号，再次建立连接才能继续通话。TCP 通信连接方式的传输过程也是类似的，通信的发起方必须和接收方建立连接，才能进行通信。一旦连接中断，则需要重新请求建立连接。TCP 通信连接方式的传输具有确认机制，是可靠的、安全的。当然，它的速度相对慢些。

UDP 通信连接方式则不同，它不需要在两个通信伙伴之间建立真实的通信信道，其执行过程与写信很类似。寄信人将收信人的名称和地址写到信封上，然后把信投到邮箱。至于这封信是顺利到达收信人的手中还是在中途遗失了，不得而知。UDP 通信连接方式没有确认重传机制，不需要在通信伙伴之间建立通信连接，因此把它称作"面向非连接"的协议。其优点是传输速度较快。

S7-1200 PLC 通过集成的以太网接口进行开放式用户通信连接，通过调用发送数据（TSEND_C）指令和接收数据（TRCV_C）指令进行数据交换。通信方式为双边通信，因此，两台 S7-1200 PLC 要进行开放式以太网通信，TSEND_C 指令和 TRCV_C 指令就必须成对出现。

2. 指令说明

在“指令”窗格中选择“通信”→“开放式用户通信”选项，出现“开放式用户通信”指令列表，如图 4-4-2 所示。

名称	描述	版本
▸ S7 通信		V1.3
▾ 开放式用户通信		V6.0
TSEND_C	正在建立连接和发送...	V3.2
TRCV_C	正在建立连接和接收...	V3.2
TMAIL_C	发送电子邮件	V5.0
▸ 其他		
▸ WEB 服务器		V1.1
▸ 其他		
▸ 通信处理器		
▸ 远程服务器		V1.9

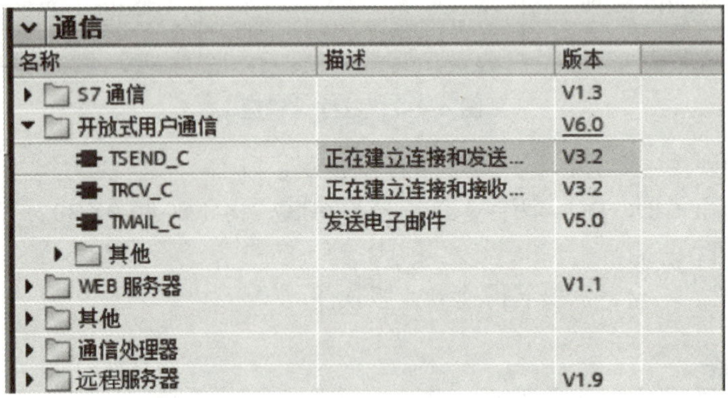

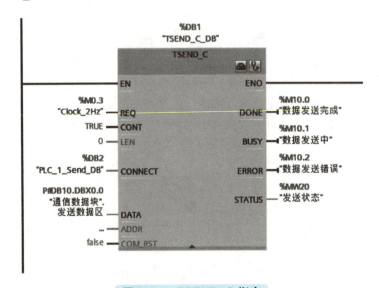

图 4-4-2 “开放式用户通信”指令列表

“开放式用户通信”指令主要包括 3 个通信指令：TSEND_C（发送数据）指令、TRCV_C（接收数据）指令和 TMAIL_C（发送电子邮件）指令，还包括一个其他指令文件夹。其中，TSEND_C（发送数据）指令和 TRCV_C（接收数据）指令是常用指令，下面进行详细说明。

3. TSEND_C 指令

（1）指令介绍

使用 TSEND_C 指令设置并建立通信连接，CPU 会自动保持和监视该连接。TSEND_C 指令异步执行，首先设置并建立通信连接，然后通过现有的通信连接发送数据，最后终止或重置通信连接。TSEND_C 指令如图 4-4-3 所示。

图 4-4-3 TSEND_C 指令

（2）指令参数

TSEND_C 指令引脚参数说明见表 4-4-1。

表 4-4-1　TSEND_C 指令引脚参数说明

引脚参数	数据类型	说　明
REQ	Bool	在上升沿执行该指令
CONT	Bool	控制通信连接：为 0 时，断开通信连接；为 1 时，建立并保持通信连接
LEN	UDInt	可选参数（隐藏）：通过作业发送的最大字节数。如果在 DATA 参数中使用具有优化访问权限的发送区，LEN 参数值必须为"0"
CONNECT	VARIANT	指向连接描述结构的指针：对于 TCP 或 UDP，使用 TCON_IP_v4 系统数据类型。对于 ISO-on-TCP，使用 TCON_IP_RFC 系统数据类型
DATA	VARIANT	指向发送区的指针：该发送区包含要发送数据的地址和长度。发送端和接收端的传送结构必须相同
ADDR	VARIANT	UDP 需要使用的隐藏参数：包含指向系统数据类型 TADDR_Param 的指针；接收方的地址信息（IP 地址和端口号）将存储在系统数据类型为 TADDR_Param 的数据块中
COM_RST	Bool	可选参数（隐藏）：重置连接 0 表示不相关；1 表示重置现有连接
DONE	Bool	最后一个作业成功完成，立即将该位置位为"1"
BUSY	Bool	作业状态位：0 表示无正在处理的作业；1 表示作业正在处理
ERROR	Bool	错误位：0 表示无错误；1 表示出现错误，错误原因可查看 STATUS
STATUS	Word	错误代码

4. TRCV_C 指令

（1）指令介绍

使用 TRCV_C 指令设置并建立通信连接，CPU 会自动保持和监视该连接。TRCV_C 指令异步执行，首先设置并建立通信连接，然后通过现有的通信连接接收数据。TRCV_C 指令如图 4-4-4 所示。

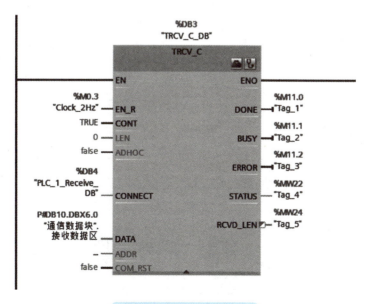

图 4-4-4　TRCV_C 指令

（2）指令参数

TRCV_C 指令引脚参数说明见表 4-4-2。

表 4-4-2　TRCV_C 指令引脚参数说明

引脚参数	数据类型	说　　明
EN_R	Bool	启用接收功能
CONT	Bool	控制通信连接：为 0 时，断开通信连接；为 1 时，建立并保持通信连接
LEN	UDInt	要接收数据的最大长度。如果在 DATA 参数中使用具有优化访问权限的发送区，LEN 参数值必须为"0"
ADHOC	Bool	可选参数（隐藏），TCP 选项使用 Ad_hoc 模式
CONNECT	VARIANT	指向连接描述结构的指针：对于 TCP 或 UDP，使用 TCON_IP_v4 系统数据类型；对于 ISO-on-TCP，使用 TCON_IP_RFC 系统数据类型
DATA	VARIANT	指向接收区的指针：传送结构时，发送端和接收端的传送结构必须相同
ADDR	VARIANT	UDP 需要使用的隐藏参数：包含指向系统数据类型 TADDR_Param 的指针；发送方的地址信息（IP 地址和端口号）将存储在系统数据类型为 TADDR_Param 的数据块中
COM_RST	Bool	可选参数（隐藏）：重置连接 0 表示不相关；1 表示重置现有连接
DONE	Bool	最后一个作业成功完成，立即将该位置位为"1"
BUSY	Bool	作业状态位：0 表示无正在处理的作业；1 表示作业正在处理
ERROR	Bool	错误位：0 表示无错误；1 表示出现错误，错误原因查看 STATUS
STATUS	Word	错误代码
RCVD_LEN	UInt	实际接收的数据量（以字节为单位）

4.4.3　任务实施

（1）新建项目及组态客户端 S7-1200 PLC

打开博途软件，在 Portal 视图中，单击"创建新项目"选项，在弹出的界面中输入项目名称"S7 通信应用实例"，以及路径、作者等信息，然后单击"创建"按钮即可生成新项目。

组态 S7-1200 PLC 客户端、服务器的操作要点同任务 3。

（2）创建网络连接

在"项目树"中，选择"设备和网络"选项，在网络视图中，首先用鼠标选中 PLC_1 的 PROFINET 通信接口的绿色小方框，然后拖拽出一条线，到 PLC_2 的 PROFINET 通信接口的绿色小方框，松开鼠标，连接就建立起来了。创建完成的网络连接如图 4-4-5 所示。

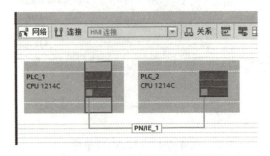

图 4-4-5　创建完成的网络连接

（3）创建客户端 PLC 变量表

在"项目树"中，依次单击"PLC_1[CPU 1214C DC/DC/DC]"→"PLC 变量"下拉按钮，双击"添加新变量表"选项，并将新添加的变量表命名为"PLC 变量表"，然后在"PLC 变量表"中新建变量，如图 4-4-6 所示。

	名称	数据类型	地址	保持
1	数据发送完成	Bool	%M10.1	
2	数据发送中	Bool	%M10.2	
3	数据发送错误	Bool	%M10.3	
4	发送状态	Word	%MW20	

图 4-4-6　PLC 变量表

（4）创建客户端数据发送区

在"项目树"中，依次选择"PLC_1[CPU 1214C DC/DC/DC]"→"程序块"→"添加新块"选项，选择"数据块（DB）"选项创建数据块，数据块名称为"发送数据块"，手动修改数据块编号为"10"，然后单击"确定"按钮，在数据块属性中取消勾选"优化的块访问"复选框，然后单击"确定"按钮，如图 4-4-7 所示。

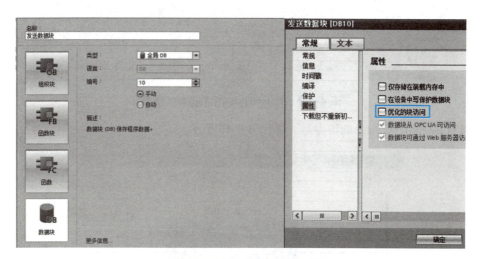

图 4-4-7　发送数据块的创建

在数据块中创建 5 个字的数组用于存储发送数据，如图 4-4-8 所示。

		名称	数据类型	偏移量	起始值	保持
1	▼	Static				
2	■ ▼	发送数据区	Array[0..4] o...			
3	■	发送数据区[0]	Word	...	16#0	
4	■	发送数据区[1]	Word	...	16#0	
5	■	发送数据区[2]	Word	...	16#0	
6	■	发送数据区[3]	Word	...	16#0	
7	■	发送数据区[4]	Word	...	16#0	

图 4-4-8　发送数据区设置

（5）编写客户端 OB1 主程序

主程序主要完成 TSEND_C 指令的编写，可通过指令的"属性"来组态连接参数和块参数。

1）组态 TSEND_C 指令的连接参数。将 TSEND_C 指令插入 OB1 主程序，会自动生成背景数据块。选中指令的任意部分，在其巡视窗格中依次选择"属性"→"组态"选项卡，设置 TSEND_C 指令的连接参数，如图 4-4-9 所示。

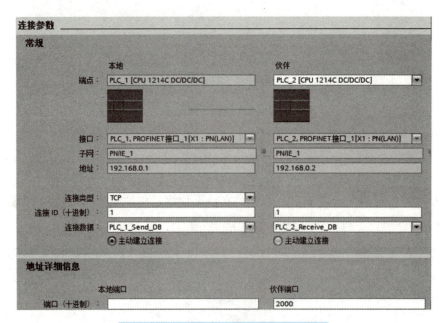

图 4-4-9　TSEND_C 指令的连接参数

2）编写 TSEND_C 指令的块参数，如图 4-4-10 所示。

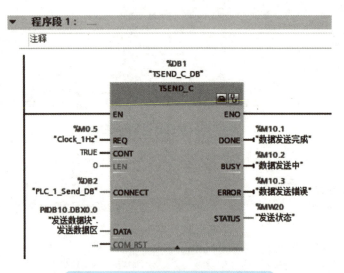

图 4-4-10　TSEND_C 指令的块参数

（6）创建服务器 PLC 变量表

在"项目树"中，依次单击"PLC_2[CPU 1214C DC/DC/DC]"→"PLC 变量"下拉按钮，

双击"添加新变量表"选项，并将新添加的变量表命名为"PLC 变量表"，然后在"PLC 变量表"中新建变量，如图 4-4-11 所示。

	名称	数据类型	地址	保持
1	数据接收完成	Bool	%M10.1	
2	数据接收中	Bool	%M10.2	
3	数据接收错误	Bool	%M10.3	
4	接收状态	Word	%MW20	
5	数据接收量	Word	%MW30	

图 4-4-11　PLC 变量表

（7）创建服务器数据接收区

在"项目树"中，依次选择"PLC_2[CPU 1214C DC/DC/DC]"→"程序块"→"添加新块"选项，选择"数据块（DB）"选项创建数据块，数据块名称为"接收数据块"，手动修改数据块编号为"100"，然后单击"确定"按钮，取消勾选"优化的块访问"复选框，然后单击"确定"按钮，如图 4-4-12 所示。

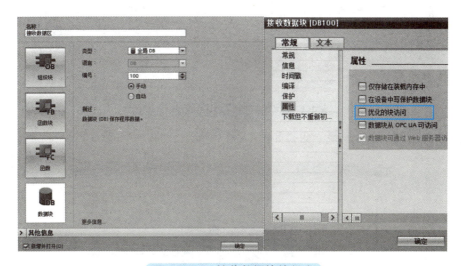

图 4-4-12　接收数据块的创建

在数据块中创建 5 个字的数组用于存储接收数据，如图 4-4-13 所示。

	名称	数据类型	偏移量	起始值	保持
1	▼ Static				
2	▼ 接收数据区	Array[0..4] o...	...		
3	接收数据区[0]	Word	...	16#0	
4	接收数据区[1]	Word	...	16#0	
5	接收数据区[2]	Word	...	16#0	
6	接收数据区[3]	Word	...	16#0	
7	接收数据区[4]	Word	...	16#0	

图 4-4-13　接收数据区设置

(8)编写服务器 OB1 主程序

主程序主要完成 TRCV_C 指令的编写,可通过指令的"属性"来组态连接参数和块参数。

1)组态 TRCV_C 指令的连接参数。将 TRCV_C 指令插入 OB1 主程序,会自动生成背景数据块。选中指令的任意部分,在其巡视窗格中依次选择"属性"→"组态"选项卡,设置 TRCV_C 指令的连接参数,如图 4-4-14 所示。

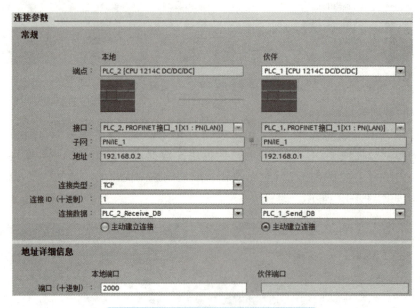

图 4-4-14 TRCV_C 指令的连接参数

2)编写 TRCV_C 指令的块参数,如图 4-4-15 所示。

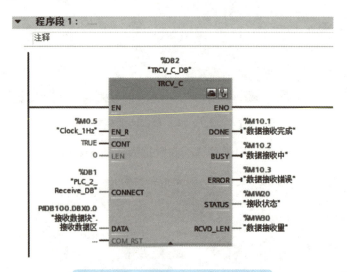

图 4-4-15 TRCV_C 指令的块参数

(9)程序测试

程序编译后,下载到 S7-1200 CPU 中,通过 PLC 监控表监控通信数据。PLC 监控表如图 4-4-16 和图 4-4-17 所示。

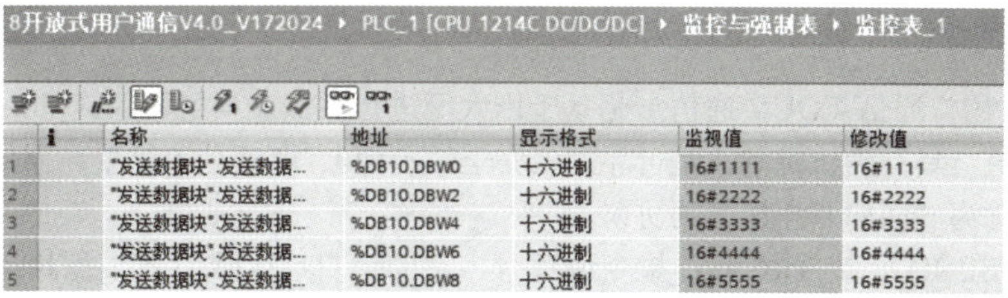

8开放式用户通信V4.0_V172024 ▸ PLC_1 [CPU 1214C DC/DC/DC] ▸ 监控与强制表 ▸ 监控表_1

	i	名称	地址	显示格式	监视值	修改值
1		"发送数据块".发送数据...	%DB10.DBW0	十六进制	16#1111	16#1111
2		"发送数据块".发送数据...	%DB10.DBW2	十六进制	16#2222	16#2222
3		"发送数据块".发送数据...	%DB10.DBW4	十六进制	16#3333	16#3333
4		"发送数据块".发送数据...	%DB10.DBW6	十六进制	16#4444	16#4444
5		"发送数据块".发送数据...	%DB10.DBW8	十六进制	16#5555	16#5555

图 4-4-16 PLC 监控表——发送

8开放式用户通信V4.0_V172024 ▸ PLC_2 [CPU 1214C DC/DC/DC] ▸ 监控与强制表 ▸ 监控表_1

	i	名称	地址	显示格式	监视值	修改值
1		"接收数据块".接收数据...	%DB100.DBW0	十六进制	16#1111	
2		"接收数据块".接收数据...	%DB100.DBW2	十六进制	16#2222	
3		"接收数据块".接收数据...	%DB100.DBW4	十六进制	16#3333	
4		"接收数据块".接收数据...	%DB100.DBW6	十六进制	16#4444	
5		"接收数据块".接收数据...	%DB100.DBW8	十六进制	16#5555	

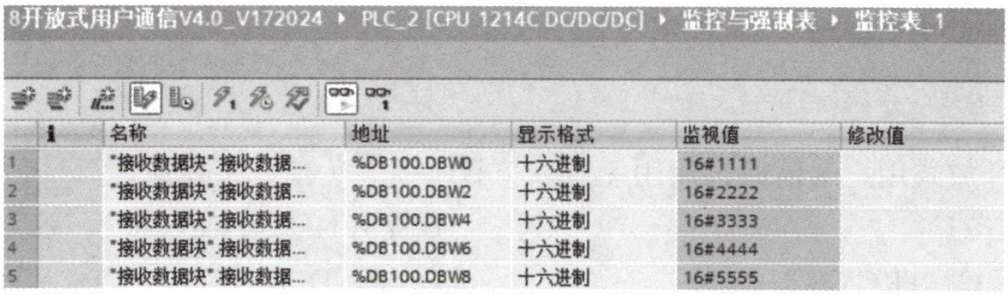

图 4-4-17 PLC 监控表——接收

4.4.4 拓展练习

PLC1 与 PLC2 的数据交换区域如图 4-4-18 所示，请完成项目组态过程，并进行调试。数据交换区域测试如图 4-4-19 所示（仅供参考）。

图 4-4-18 PLC 数据交换区域

...通信V2.2 ▸ PLC_1 [CPU 1214C DC/DC/DC] ▸ 监控与强制表 ▸ 监控表_1

	名称	地址	显示格式	监视值	修改值
1	"PLC1数据块".发送数据区[0]	%DB10.DBB0	十六...	16#66	16#66
2	"PLC1数据块".发送数据区[1]	%DB10.DBB1	十六进制	16#00	
3	"PLC1数据块".发送数据区[2]	%DB10.DBB2	十六进制	16#00	
4	"PLC1数据块".发送数据区[3]	%DB10.DBB3	十六进制	16#00	
5	"PLC1数据块".发送数据区[4]	%DB10.DBB4	十六进制	16#00	
6	"PLC1数据块".接收数据区[0]	%DB10.DBB6	十六进制	16#55	
7	"PLC1数据块".接收数据区[1]	%DB10.DBB7	十六进制	16#00	
8	"PLC1数据块".接收数据区[2]	%DB10.DBB8	十六进制	16#00	
9	"PLC1数据块".接收数据区[3]	%DB10.DBB9	十六进制	16#00	
10	"PLC1数据块".接收数据区[4]	%DB10.DBB10	十六进制	16#00	

...通信V2.2 ▸ PLC_2 [CPU 1214C DC/DC/DC] ▸ 监控与强制表 ▸ 监控表_1

	i	名称	地址	显示格式	监视值	修改值
1		"PLC2数据块".接收数据区[0]	%DB100.DBB0	十六进制	16#66	
2		"PLC2数据块".接收数据区[1]	%DB100.DBB1	十六进制	16#00	
3		"PLC2数据块".接收数据区[2]	%DB100.DBB2	十六进制	16#00	
4		"PLC2数据块".接收数据区[3]	%DB100.DBB3	十六进制	16#00	
5		"PLC2数据块".接收数据区[4]	%DB100.DBB4	十六进制	16#00	
6		"PLC2数据块".发送数据区[0]	%DB100.DBB6	十六进...	16#55	16#55
7		"PLC2数据块".发送数据区[1]	%DB100.DBB7	十六进制	16#00	
8		"PLC2数据块".发送数据区[2]	%DB100.DBB8	十六进制	16#00	
9		"PLC2数据块".发送数据区[3]	%DB100.DBB9	十六进制	16#00	
10		"PLC2数据块".发送数据区[4]	%DB100.DBB10	十六进制	16#00	

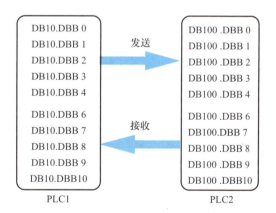

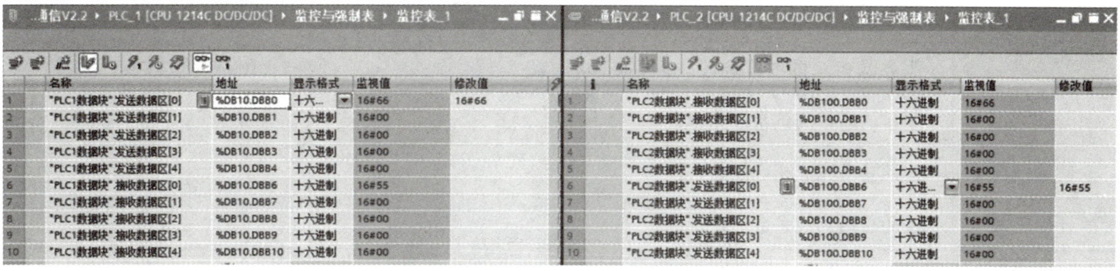

图 4-4-19 数据交换区域测试

4.4.5 任务总结

1）开放式用户通信（OUC 通信）是基于以太网进行数据交换的协议，其中 TCP 通信需要真实的连接通道，具有确认机制，是可靠的、安全的；而 UDP 通信不需要在通信伙伴之间建立通信连接，也称为"面向非连接"的协议。

2）利用 TSEND_C 或 TRCV_C 指令编程时，它们会自动生成背景数据块，在"属性"中设置指令的连接参数，新建连接数据，并指定主动连接 PLC 及端口号。

3）在客户端和服务器 PLC 中，TSEND_C 和 TRCV_C 成对出现，可以构建多个通信连接通道。

4.4.6 任务训练

1. 西门子开放式用户通信通过调用（　　）和（　　）指令实现通信。
A. PUT，GET　　　　　　　　　　　　B. TSEND，TREC
C. TSEND_C，TRCV_C　　　　　　　　D. SEND_C，RCV_C

2. 关于 TSEND_C 指令，描述错误的是（　　）。
A. CONT 为 TRUE 时可以建立通信连接并保持
B. REQ 在信号上升沿时执行该指令，本任务连接 M0.2
C. CONNECT 指向连接描述的指针，可以手动输入，无须组态连接参数
D. DATA 为指向发送区的指针，本任务关联发送数据块 DB3

3. 发送数据块数据类型设置为 Array（0..4）of Word，则可同时发送（　　）的数据。
A. 5B　　　　B. 4B　　　　C. 4 个 word　　　　D. 5 个 word

4.4.7 任务评价

请根据自己在本任务中的实际表现进行评价，见表 4-4-3。

表 4-4-3　任务评价表

项目	评分标准	分值	得分
接受工作任务	明确工作任务	5	
信息收集	西门子 S7-1200 PLC 的开放式用户通信指令和项目组态过程	15	
制定计划	工作计划合理可行，人员分工明确	10	
计划实施	开放式用户通信指令格式及参数设置	20	
	客户端 PLC 的项目组态、发送数据块设置	10	
	服务器 PLC 的项目组态、接收数据块设置	10	
	项目的通信测试及故障排查	20	
质量检查	按照要求完成相应任务	5	
评价反馈	经验总结到位，合理评价	5	
	得分（满分 100）		

任务5　Modbus TCP 通信应用

学习目的：
1. 掌握 S7-1200 PLC Modbus TCP 通信的相关知识；
2. 掌握 Modbus TCP 通信的硬件组态、以太网接口参数设置；
3. 掌握 PLC MB_CLIENT 和 MB_SERVER 指令的编写；
3. 能够编写程序实现两台 PLC 的在线通信和调试。

4.5.1　任务描述

两台 S7-1200 PLC 进行 Modbus TCP 通信，一台作为客户端，另一台作为服务器。客户端将 DB10.DBB0~DB10.DBB4 的数据写到服务器的 DB100.DBB0~DB100.DBB4 中。

本任务使用的硬件主要有：

1）CPU 1214C DC/DC/DC，两台，订货号为 6ES7 214-1AG40-0XB0。
2）四口交换机，一台。
3）编程计算机，一台，已安装博途专业版软件。

4.5.2　知识储备

Modbus TCP 通信应用

Modbus TCP 通信协议是施耐德公司于 1996 年推出的基于以太网 TCP/IP 的 Modbus 协议。Modbus TCP 通信协议是开放式协议，目前很多设备都集成了此协议，如 PLC、机器人、智能工业相机和其他智能设备等，如图 4-5-1 所示。

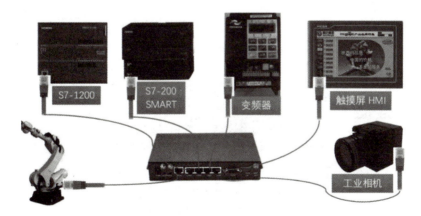

图 4-5-1　Modbus TCP 通信

Modbus TCP 通信结合了以太网物理网络和 TCP/IP 网络标准，其报文主体结构为 MBAP 报文头 +PDU 帧结构，采用包含 Modbus 应用协议数据的报文传输方式，设备间的数据交换通过功能码实现，有些功能码是对位操作，有些功能码是对字操作。

S7-1200 PLC 集成的以太网接口支持 Modbus TCP 通信，可作为 Modbus TCP 客户端或者服务器。Modbus TCP 通信使用 TCP 通信作为通信路径，通信时将占用 S7-1200 PLC 的开放式用户通信连接资源，通过调用 Modbus TCP 客户端（MB_CLIENT）指令和服务器（MB_SERVER）指令进行数据交换。

在指令选项卡中选择"通信"→"其他"→"MODBUS TCP"选项，出现 Modbus TCP 通信指令列表，如图 4-5-2 所示。

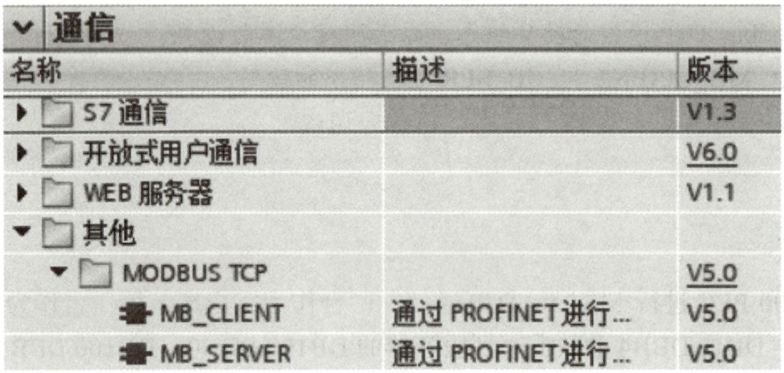

图 4-5-2　Modbus TCP 通信指令列表

Modbus TCP 通信主要包括两个指令：MB_CLIENT 指令和 MB_SERVER 指令，每个指令块被拖拽到程序工作区中都将自动分配背景数据块，背景数据块的名称可自行修改，编号可以手动或自动分配。

1. MB_CLIENT 指令

（1）指令介绍

MB_CLIENT 指令作为 Modbus TCP 客户端指令，可以在客户端和服务器间建立连接、发送 Modbus 请求、接收响应和控制服务器断开，该指令如图 4-5-3 所示。

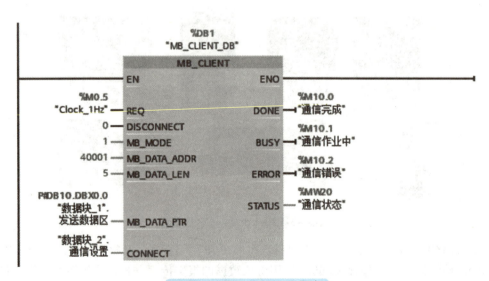

图 4-5-3　MB_CLIENT 指令

（2）指令参数

MB_CLIENT 指令引脚参数说明见表 4-5-1。

表 4-5-1　MB_CLIENT 指令引脚参数说明

引脚参数	数据类型	说　　明
REQ	Bool	执行与服务器之间的通信请求，上升沿有效
DISCONNECT	Bool	通过该参数，可以控制与 Modbus TCP 服务器建立和终止连接。0 表示建立连接；1 表示终止连接
MB_MODE	USInt	选择 Modbus 请求模式（读取、写入或诊断）。0 表示读取；1 表示写入
MB_DATA_ADDR	UDInt	访问数据的起始地址
MB_DATA_LEN	UInt	数据长度，即访问数据的位或字的个数
MB_DATA_PTR	VARIANT	指向待从 Modbus 服务器接收的数据或待发送到 Modbus 服务器的数据所在数据缓冲区的指针
CONNECT	VARIANT	引用包含系统数据类型为 TCON_IP_v4 的连接参数的数据块结构
DONE	Bool	最后一个作业成功完成，立即将该位置位为"1"
BUSY	Bool	作业状态位：0 表示无正在处理的作业；1 表示作业正在处理
ERROR	Bool	错误位：0 表示无错误；1 表示出现错误，错误原因查看 STATUS
STATUS	Word	错误代码

2. MB_SERVER 指令

（1）指令介绍

MB_SERVER 指令作为 Modbus TCP 服务器指令，通过以太网连接进行通信。"MB_SERVER"指令处理 Modbus TCP 客户端的连接请求，并接收处理 Modbus 请求和发送响应，该指令如图 4-5-4 所示。

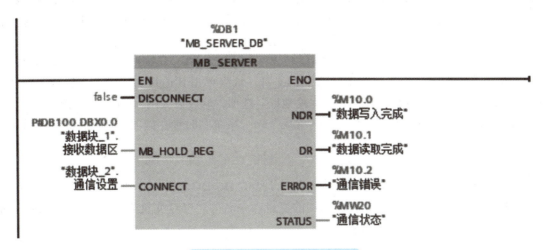

图 4-5-4　MB_SERVER 指令

（2）指令参数

MB_SERVER 指令引脚参数说明见表 4-5-2。

表 4-5-2　MB_SERVER 指令引脚参数说明

引脚参数	数据类型	说　　明
DISCONNECT	Bool	尝试与伙伴设备进行"被动"连接。也就是说，服务器被动地侦听来自任何请求 IP 地址的 TCP 连接请求。如果 DISCONNECT = 0 且不存在连接，则可以启动 DISCONNECT 被动连接；如果 DISCONNECT = 1 且存在连接，则启动断开操作。该参数允许程序控制何时接受连接。每当启用此输入时，将无法尝试其他操作
MB_HOLD_REG	VARIANT	指向 MB_SERVER 指令中 Modbus 保持性寄存器的指针，MB_HOLD_REG 引用的存储区必须大于 2B。保持性寄存器中包含 Modbus 客户端通过 Modbus 功能 3（读取）、6（写入）、16（多次写入）和 23（在一个作业中读/写）可访问的值
CONNECT	VARIANT	引用包含系统数据类型为 TCON_IP_v4 的连接参数的数据块结构
NDR	Bool	"New Data Ready"的缩写，0 表示无新数据；1 表示从 Modbus 客户端写入新数据
DR	Bool	"Data Read"的缩写，0 表示未读取数据；1 表示从 Modbus 客户端读取的数据
ERROR	Bool	如果上一个请求有错误产生，那么 ERROR 位就将变为 TRUE 并保持一个周期
STATUS	Word	错误代码

4.5.3　任务实施

1. 客户端程序编写

（1）新建项目及组态 S7-1200 PLC

打开博途软件，在 Portal 视图中，单击"创建新项目"选项，在弹出的界面中输入项目名称、路径和作者等信息，然后单击"创建"按钮即可生成新项目。进入项目视图，在左侧的"项目树"中，单击"添加新设备"选项，弹出"添加新设备"对话框，在此对话框中选择 CPU 的订货号和版本（必须与实际设备相匹配），然后单击"确定"按钮。本任务选择 CPU 1214C DC/DC/DC，然后单击"确定"按钮。

在"项目树"中，单击"PLC_1[CPU 1214C DC/DC/DC]"下拉按钮，双击"设备组态"选项，在"设备视图"的工作区中，选中 PLC_1，依次单击其巡视窗格中的"属性"→"常规"→"PROFINET 接口 [X1]"→"以太网地址"选项，修改以太网 IP 地址为"192.168.0.1"。

依次单击其巡视窗格的"属性"→"常规"→"系统和时钟存储器"选项，激活"启用时钟存储器字节"复选框。

（2）创建 PLC 变量表

在"项目树"中，依次单击"PLC_1[CPU 1214C DC/DC/DC]"→"PLC 变量"下拉按钮，双击"添加新变量表"选项，并将新添加的变量表命名为"PLC 变量表"，然后在"PLC 变量表"中新建变量，如图 4-5-5 所示。

（3）创建数据发送区

1）在"项目树"中，依次选择"PLC_1[CPU 1214C DC/DC/DC]"→"程序块"→"添加新块"选项，选择"数据块（DB）"选项创建数据块，数据块名称为"发送数据块"，手动修改数据块编号为"10"，然后单击"确定"按钮，在数据块属性中取消勾选"优化的块访问"复选框，然后单击“确定”按钮，如图 4-5-6 所示。

变量表_1

		名称	数据类型	地址	保持
1		通信完成	Bool	%M10.0	
2		通信作业中	Bool	%M10.1	
3		通信错误	Bool	%M10.2	
4		通信状态	Word	%MW20	

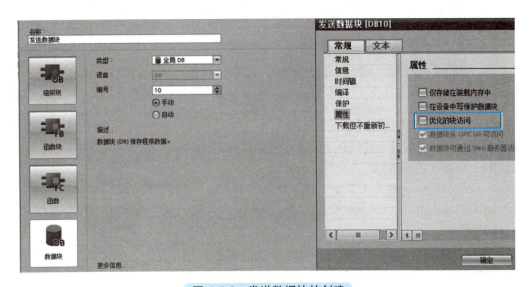

图 4-5-5 PLC 变量表

图 4-5-6 发送数据块的创建

2）在数据块中创建 5B 的数组用于存储要发送的数据，这 5B 的地址就是 DB10.DBB0 ~ DB10.DBB4，编译后发送数据区如图 4-5-7 所示。

发送数据块

		名称	数据类型	偏移量	起始值
1		▼ Static			
2		▪ ▼ 发送数据区	Array[0..4] of Byte	0.0	
3		▪ 发送数据区[0]	Byte	0.0	16#0
4		▪ 发送数据区[1]	Byte	1.0	16#0
5		▪ 发送数据区[2]	Byte	2.0	16#0
6		▪ 发送数据区[3]	Byte	3.0	16#0
7		▪ 发送数据区[4]	Byte	4.0	16#0

图 4-5-7 发送数据区

（4）创建 MB_CLIENT 指令的连接描述数据块

在“项目树”中，依次选择“PLC_I[CPU 1214C DC/DC/DC]”→“程序块”→“添加新块”选项，选择“数据块（DB）”选项创建数据块，数据块名称为“数据块 _2”，修改数据块编号为 11。然后单击“确定”按钮，在“数据块 _2”中添加变量“通信设置”，数据类型为 TCON_IP_v4，如图 4-5-8 所示。

	名称	数据类型	起始值	保持
1	▼ Static			
2	▼ 通信设置	TCON_IP_v4		
3	InterfaceId	HW_ANY	16#40	
4	ID	CONN_OUC	16#1	
5	ConnectionType	Byte	16#0B	
6	ActiveEstablished	Bool	TRUE	
7	▼ RemoteAddress	IP_V4		
8	▼ ADDR	Array[1..4] of Byte		
9	ADDR[1]	Byte	192	
10	ADDR[2]	Byte	168	
11	ADDR[3]	Byte	0	
12	ADDR[4]	Byte	2	
13	RemotePort	UInt	502	
14	LocalPort	UInt	0	

图 4-5-8　通信设置

图 4-5-8 中的主要参数说明如下：

① InterfaceId：在变量表的默认变量表中可以找到 PROFINET 接口的硬件标识符。

② ID：1～4095 的连接 ID。

③ ConnectionType：对于 TCP/IP，使用默认值 16#0B（十进制数 11）。

④ ActiveEstablished：该值必须为 1 或 TRUE，即主动连接，由 MB_CLIENT 指令启动 Modbus TCP 通信。

⑤ RemoteAddress：目标 Modbus TCP 服务器的 IP 地址。

⑥ RemotePort：默认值为 502，该编号为 MB_CLIENT 试图连接与通信的 Modbus 服务器的 IP 端口号。

⑦ LocalPort：对于 MB_CLIENT 连接，该值必须为 0。

（5）编写 OB1 主程序

编写 MB_CLIENT 指令程序段部分，如图 4-5-9 所示。当 M0.5 上升沿有效时，客户端将 MB_DATA_PTR 关联的数据写入服务器的 Modbus 地址 40001～40005 中。

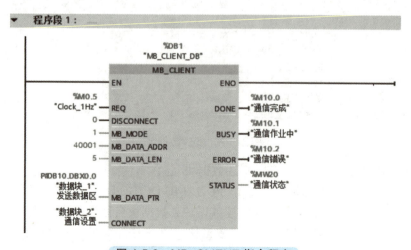

图 4-5-9　MB_CLIENT 指令程序

图 4-5-9 中的主要参数说明如下：
① REQ：在上升沿时执行该指令。
② DISCONNECT：0 表示建立连接。
③ MB_MODE：1 表示写操作。
④ MB_DATA_ADDR：写入的起始地址。
⑤ MB_DATA_LEN：写入的数据长度。
⑥ MB_DATA_PTR：发送数据地址。
⑦ CONNECT：引用包含系统数据类型为 TCON_IP_v4 的连接参数的数据块。

2. 服务器程序编写

（1）新建项目及组态 S7-1200 PLC

打开博途软件，在 Portal 视图中，单击"创建新项目"选项，在弹出的界面中输入项目名称、路径和作者等信息，然后单击"创建"按钮即可生成新项目。进入项目视图，在左侧的"项目树"中，单击"添加新设备"选项，弹出"添加新设备"对话框，在此对话框中选择 CPU 的订货号和版本（必须与实际设备相匹配），然后单击"确定"按钮。本项目选择 CPU 1214C DC/DC/DC，然后单击"确定"按钮。

在"项目树"中，单击"PLC_2[CPU 1214C DC/DC/DC]"下拉按钮，双击"设备组态"选项，在"设备视图"的工作区中，选中 PLC_2，依次单击其巡视窗格中的"属性"→"常规"→"PROFINET 接口 [X1]"→"以太网地址"选项，修改以太网 IP 地址为"192.168.0.2"。

依次单击其巡视窗格的"属性"→"常规"→"系统和时钟存储器"选项，激活"启用时钟存储器字节"复选框。

（2）创建 PLC 变量表

在"项目树"窗格中，依次单击"PLC_2[CPU 1214C DC/DC/DC]"→"PLC 变量"下拉按钮，双击"添加新变量表"选项，并将新添加的变量表命名为"PLC 变量表"，然后在"PLC 变量表"中新建变量，如图 4-5-10 所示。

	名称	数据类型	地址	保持
1	数据写入完成	Bool	%M10.0	
2	数据读取完成	Bool	%M10.1	
3	通信错误	Bool	%M10.2	
4	通信状态	Word	%MW20	

图 4-5-10　PLC 变量表

（3）创建数据接收区

1）在"项目树"中，依次选择"PLC_2[CPU 1214C DC/DC/DC]"→"程序块"→"添加新块"选项，选择"数据块（DB）"选项创建数据块，数据块名称为"接收数据块"，手动修改数据块编号为"100"，然后单击"确定"按钮，在数据块属性中取消勾选"优化的块访问"复选框，然后单击"确定"按钮，如图 4-5-11 所示。

2）在数据块中创建 5B 的数组用于存储接收数据，如图 4-5-12 所示。

（4）创建 MB_SERVER 指令的连接描述数据块

在"项目树"中，依次单击"PLC_2[CPU 1214C DC/DC/DC]"→"程序块"选项，双击

"添加新块"选项,选择"数据块(DB)"选项创建数据块,数据块名称为"数据块_2",手动修改数据块编号为101,然后单击"确定"按钮。在"数据块_2"中添加变量"通信设置",数据类型为TCON_IP_v4,如图4-5-13所示。

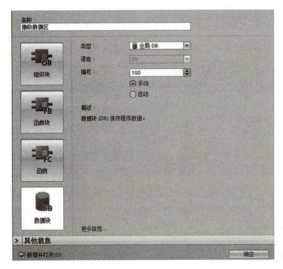
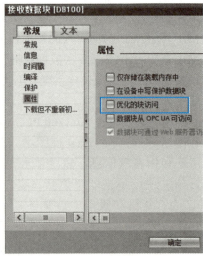

图 4-5-11 接收数据块的创建

	名称	数据类型	偏移量	起始值
1	▼ Static			
2	▼ 接收数据区	Array[0..4] of Byte	0.0	
3	■ 接收数据区[0]	Byte	0.0	16#0
4	■ 接收数据区[1]	Byte	1.0	16#0
5	■ 接收数据区[2]	Byte	2.0	16#0
6	■ 接收数据区[3]	Byte	3.0	16#0
7	■ 接收数据区[4]	Byte	4.0	16#0

图 4-5-12 接收数据区

数据块_2

	名称	数据类型	起始值	保持
1	▼ Static			
2	▼ 通信设置	TCON_IP_v4		
3	■ InterfaceId	HW_ANY	16#40	
4	■ ID	CONN_OUC	16#1	
5	■ ConnectionType	Byte	16#0B	
6	■ ActiveEstablished	Bool	false	
7	▼ RemoteAddress	IP_V4		
8	▼ ADDR	Array[1..4] of Byte		
9	■ ADDR[1]	Byte	192	
10	■ ADDR[2]	Byte	168	
11	■ ADDR[3]	Byte	0	
12	■ ADDR[4]	Byte	1	
13	■ RemotePort	UInt	0	
14	■ LocalPort	UInt	502	

图 4-5-13 通信设置

图 4-5-13 中的主要参数说明如下：

① InterfaceId：在变量表的默认变量表中可以找到 PROFINET 接口的硬件标识符。

② ID：1～4095 的连接 ID 编号。

③ ConnectionType：对于 TCP/IP，使用默认值 16#0B（十进制数 11）。

④ ActiveEstablished：该值必须为 0 或 false，即被动连接，由 MB_SERVER 指令等待 Modbus 客户端的通信请求。

⑤ RemoteAddress：目标 Modbus TCP 客户端的 IP 地址。

⑥ RemotePort：对于 MB_SERVER 连接，该值必须为 0。

⑦ LocalPort：默认值为 502，该编号为 MB_SERVER 试图连接与通信的 Modbus 客户端的 IP 端口号。

（5）编写 OB1 主程序

编写 MB_SERVER 指令程序段部分，如图 4-5-14 所示。客户端 PLC 通过 Modbus TCP 通信将 40001～40005 中存储的数据送给服务器 PLC，服务端 Modbus 地址 40001～40005 的数据写入 DB100.DBB0～DB100.DBB4 中。这样就实现了客户端 DB10.DBB0～DB10.DBB4 数据写入服务器 DB100.DBB0～DB100.DBB4 的控制要求。

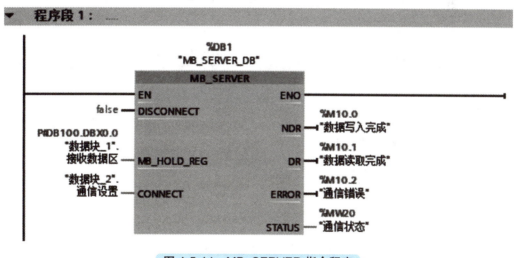

图 4-5-14　MB_SERVER 指令程序

图 4-5-14 中的主要参数说明如下：

① DISCONNECT：0 表示建立连接。

② MB_HOLD_REG：Modbus 保持寄存器 40001 对应的地址。

③ CONNECT：引用包含系统数据类型为"TCON_IP_v4"的连接参数的数据块。

3. 程序测试

程序编译后，下载到 PLC 中，通过 PLC 监控表监控通信数据，PLC 监控表如图 4-5-15 所示。

4.5.4　任务总结

1）Modbus TCP 通信通过调用 MB_CLIENT 和 MB_SERVER 指令完成。

2）MB_CLIENT 和 MB_SERVER 指令参数设置需要添加数据存储块和数据类型为 TCON_

IP_v4 的通信设置数据块。

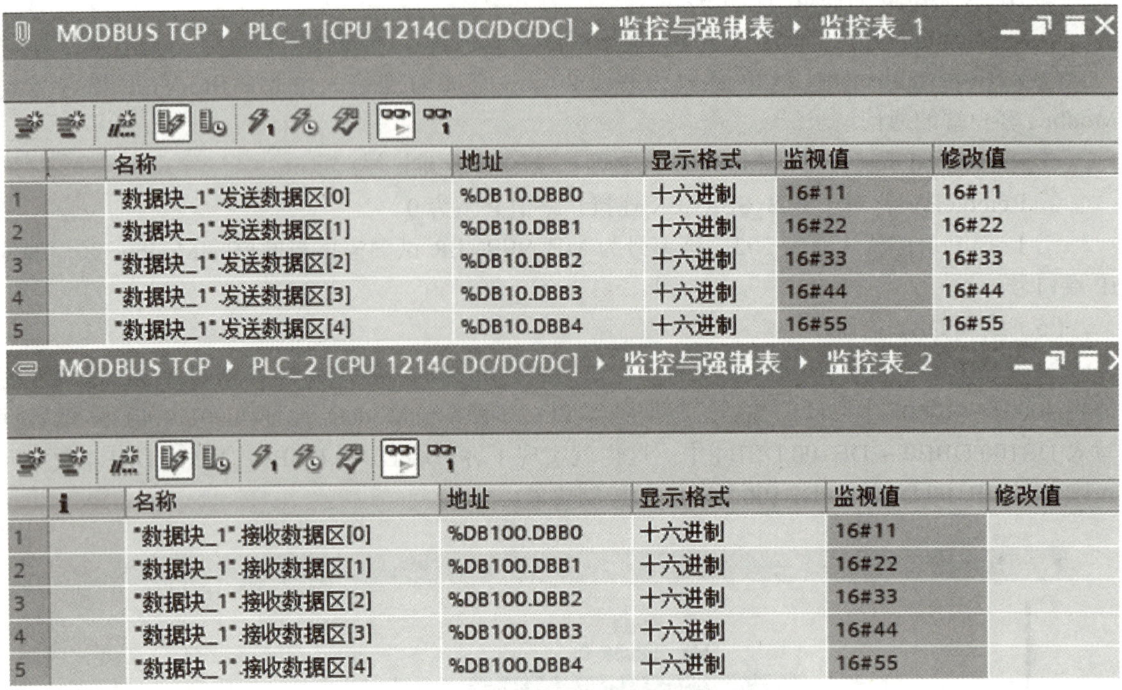

图 4-5-15 Modbus TCP 通信监控表

3）MB_DATA_ADDR 为 40001 时，MB_DATA_LEN 单位为 WORD，其数值设置要与传输数据区匹配，否则会出现通信错误。

4.5.5 任务训练

1.关于 MB_CLIENT 指令，以下描述错误的是（　　）。

A. REQ 在信号上升沿时执行通信指令

B. MB_DATA_LEN 设为 5，表示 5 个 Word 空间

C. MB_DATA_PTR 指向创建的发送数据块

D. CONNECT 直接手动输入"数据块_2"

2.关于 MB_SERVER 指令，以下描述错误的是（　　）。

A. MB_HOLD_REG 为指向 MB_SERVER 指令中 Modbus 保持寄存器的指针

B. CONNECT 为引用包含系统数据类型为 TCON_IP_v4 的连接参数数据块结构

C. DR 为 "Data Read"，0 表示未读取数据，1 表示从 Modbus 客户端读取数据

D. ERROR 提供错误代码

4.5.6 任务评价

请根据自己在本任务中的实际表现进行评价，见表 4-5-3。

表 4-5-3 任务评价表

项目	评分标准	分值	得分
接受工作任务	明确工作任务	5	
信息收集	西门子 S7-1200 PLC 的 Modbus TCP 通信指令和项目组态过程	15	
制定计划	工作计划合理可行，人员分工明确	10	
计划实施	Modbus TCP 通信指令格式及参数设置	20	
	客户端 PLC 的项目组态、发送数据块设置	10	
	服务器 PLC 的项目组态、接收数据块设置	10	
	项目的通信测试及故障排查	20	
质量检查	按照要求完成相应任务	5	
评价反馈	经验总结到位，合理评价	5	
得分（满分 100）			

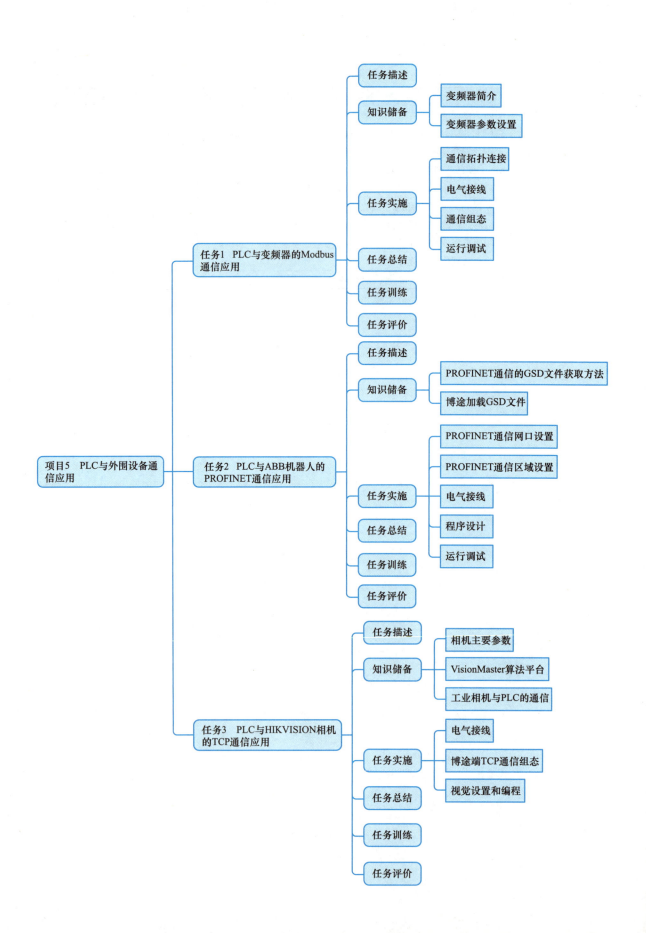

项目 5 PLC 与外围设备通信应用

任务 1　PLC 与变频器的 Modbus 通信应用

> **学习目的**
> 1. 掌握汇川 MD200 系列变频器的参数调节和实物接线方法；
> 2. 掌握 Modbus 通信的编程方法；
> 3. 具备根据电路图实施实物接线的能力；
> 4. 具备根据报错码排查通信错误的能力。

5.1.1　任务描述

控制要求：实现电动机带动工作台的变速移动，按下正向启动按钮 SB2，电动机向左以 15Hz 的频率移动，延时 10s 后切换为以 25Hz 的频率移动，按下停止按钮或移动过程中触碰到左限位开关 SQ1 停止；按下反向启动按钮 SB1，电动机向右以 15Hz 的频率移动，延时 10s 后切换为以 25Hz 的频率移动，按下停止按钮或移动过程中触碰到右限位开关 SQ2 停止。电动机 Modbus RTU 通信调速实物图如图 5-1-1 所示。

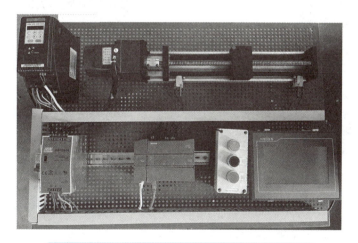

图 5-1-1　电动机 Modbus RTU 通信调速实物图

PLC 与变频器的 Modbus 通信

本任务中，电动机转速有低速和高速之分，所以要用到变频器对三相交流电动机的转速进行调节。

5.1.2 知识储备

1. 变频器简介

MD200 系列紧凑型变频器是汇川技术基于小功率、小体积、低成本的市场需求，针对性推出的单相 AC 220V 和三相 AC 380V 迷你变频器。MD200 采用 V/F 控制方式、无速度传感器矢量控制方式（SVC），具有高功率密度、高 EMC 规格设计、高防护性能等显著优势，可用于纺织、造纸、拉丝、机床、包装、食品、风机、水泵及各种自动化生产设备的驱动。其产品特性及优点总结如下：

① 功率密度设计合理，有效实现产品体积小型化。
② 配合全功率段等体积的书本形结构设计，支持在较小空间内无缝并排安装。
③ 高 EMC 规格设计，内置 C3 级滤波器，有效降低对外干扰，满足精准控制需求。
④ 全封闭外壳＋独立风道设计，更大程度隔绝粉尘，保证电子元器件长期稳定运行。
⑤ 支持 Modbus/CANLink 总线通信，轻松实现工业自动化组网。
⑥ 更大的额定电流设计，过载电流更大，加速时间更短。
⑦ 内置行业专业宏应用，支持一键设置行业参数。

图 5-1-2 为汇川 MD200 变频器实物、变频器面板及接线端子。变频器面板及接线功能图由操作面板和接线端子组成，操作面板带按键，可进行参数设置，接线端子排为三层，第一层为信号线接线点，第二层为供电电源和制动电阻接线点，第三层为电动机输出接线点。

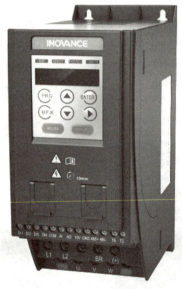

a) MD200 变频器实物

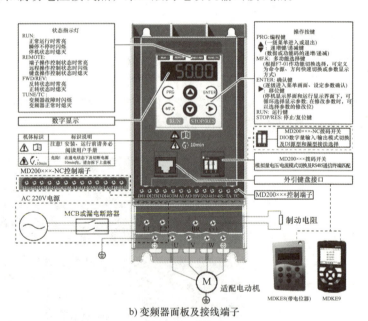

b) 变频器面板及接线端子

图 5-1-2　汇川 MD200 变频器实物、变频器面板及接线端子

MD200S0.4B-KH 变频器端子说明：

① 数字输入端子 DI1～DI4。多功能输入端子，低电平有效，有效电平＜5V。DI1～DI3 为低速 DI，频率＜100Hz；DI4 可作为高速脉冲输入（最高可支持 20kHz 频率）。
② 24V 电源地端子 COM。板内 24V 电源地端子，内部与 GND 隔离。
③ 继电器输出端子 TA～TC，常开，触点负载 3A/AC 250V、3A/DC 30V。

④ 模拟输入/输出端子。10V 端子：模拟电压输出端子，10（1±10%）V，最大 10mA。GND 端子：模拟地端子，内部与 COM 隔离。AI：模拟单端输入通道 1，0～10V 模拟量电压输入 /0～20mA 模拟量电流输入，12 位分辨率，校正精度 0.5%，响应时间小于 8ms。AO：模拟单端输出通道 1，0～10V，校正精度 100mV，分辨率 10 位，校正精度 1%。

⑤ 通信端子。485+：RS485 通信正信号。485-：RS485 通信负信号。半双工 RS485 通信，最高波特率 115200bit/s，最多可支持 64 个节点。CGND：在端子分布上 CGND 与 10V 的地共用，均为 GND。

2. 变频器参数设置

（1）恢复出厂设置

设置参数 FP-01=1，恢复出厂参数（不包括电动机参数），注意需要停机更改。

恢复出厂设置时变频器的功能参数大部分恢复为厂家出厂参数，但是电动机参数、频率指令小数点（F0-22）、故障记录信息、累计运行时间（F7-09）、累计上电时间（F7-13）、累计耗电量（F7-14）、逆变器模块散热器温度（F7-07）不恢复。

（2）设置电动机参数

使所控电动机铭牌上所标的额定值与对应的参数值相一致，按表 5-1-1 设置参数。

表 5-1-1　电动机参数

参数号	出厂值	设置值	单位	说明
F1-01	3.7	0.1	kW	电动机额定功率
F1-02	380	380	V	电动机额定电压
F1-03	9	0.56	A	电动机额定电流
F1-04	50	50	Hz	电动机额定频率
F1-05	1460	1300	r/min	电动机额定转速

（3）手动参数设置

1）电动机自调谐。F1-37=1，面板显示 RUNE，按下 RUN 按钮，等待面板闪烁显示 50.00，调谐完成。其中，F1-37=1 表示异步电动机静止调谐，适用于电动机与负载很难脱离且不允许动态调谐运动的场合。该调谐方式仅辨识部分电动机参数，包括 F1-06（异步电动机定子电阻）、F1-07（异步电动机转子电阻）、F1-08（异步电动机漏感抗）。

2）变频器操作面板点动。设定 F0-02=0，命令源选择操作面板命令通道（LED 灭）。按下 RUN 按钮，电动机正常运行到 50.00Hz，说明电动机调试正常。按下 STOP 按钮，电动机停止。

（4）通信设置

1）控制参数设置。控制参数设置见表 5-1-2。

表 5-1-2　控制参数设置

参数号	默认值	设置值	单位	说明
F0-01	0	2	—	电动机控制方式
F0-02	0	2	—	命令源选择
F0-03	0	9	—	主频率源选择
F0-10	50.00	100.00	Hz	变频器最高输出频率
F0-12	50.00	50.00	Hz	变频器最高运行频率
F0-17	0.0	6.0	s	加速时间 1
F0-18	0.0	6.0	s	减速时间 1
F0-25	0	0	—	加减速基准频率

参数设置说明：

设定 F0-01=2，电动机控制方式选择 V/F 控制，速度开环控制。

设定 F0-02=2，命令源选择通信命令通道（LED 闪烁）。选择此命令通道，可通过远程通信输入控制命令。适用于远距离控制或多台设备系统集中控制等场合。

设定 F0-03=9，主频率指令输入选择通信给定。主频率值由通信给定，可通过远程通信输入设定频率。

设定 F0-10=100，变频器最高输出频率设为 100Hz。该值与变频器通信设置参数有关，变频器输出的频率为该值的百分比。

设定 F0-12=50，变频器最高运行频率设为 50Hz，不允许电动机在 50Hz 频率以上运行。

设定 F0-17=6.0，加速时间设为 6.0s。加速时间是指输出频率从 0 上升到 F0-25（加减速基准频率）所需时间。在电动机加速时须限制频率的上升率以防止过电流。加速时间设定要求：将加速电流限制在变频器过电流容量以下，不使过电流失速而引起变频器跳闸。

设定 F0-18=6.0，减速时间设为 6.0s。减速时间是指输出频率从 F0-25（加减速基准频率）下降到 0 所需时间。在电动机减速时须限制频率的下降率以防止过电压。减速时间设定要求：防止平滑电路电压过大，不使再生过电压失速而使变频器跳闸。

设定 F0-25=0，加减速基准频率选择 0，由变频器最高输出频率 F0-10 决定。加减速基准频率，用于加速时的目标频率，减速时的起始频率。

2）RS485 拨码说明。对于多个变频器的集中通信场合，最后一个变频器的 RS485 终端电阻需要匹配，拨码开关的 2、3 需要拨至"ON"侧。具体拨码方式如图 5-1-3 所示。

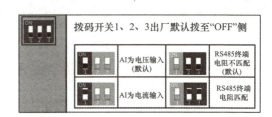

图 5-1-3　RS485 拨码说明

3）通信参数设置。连接上位机（如 PLC）与变频器通过串口通信线，如图 5-1-4 所示，设置变频器的通信参数，选择控制参数 F0-02=2，设置命令源为通信命令通道。设置通信方式为 Modbus 通信，其通信参数设置见表 5-1-3。

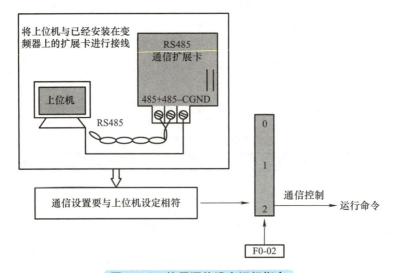

图 5-1-4　使用通信设定运行指令

表 5-1-3　Modbus 通信参数设置

参数号	默认值	设置值	单位	说明
Fd-00	5005	5	bit/s	波特率
Fd-01	0	0	—	数据格式
Fd-02	1	1	—	本机地址
Fd-03	2	2	ms	应答延迟
Fd-04	0.0	0.0	s	通信超时时间
Fd-05	1460	1	—	数据传输格式选择

5.1.3　任务实施

1. 通信拓扑连接

本任务 Modbus 通信为串口通信，9 针通信插头的 3 号引脚与变频器通信端子 485+ 连接，8 号引脚与 485− 连接，如图 5-1-5 所示。

图 5-1-5　通信拓扑图

2. 电气接线

PLC 采用西门子 S7-1200 CPU 1214C DC/DC/DC，输入引脚 I0.3、I0.4 分别连接限位开关 SQ1、SQ2，I0.6、I0.7、I1.0 分别连接正向启动按钮 SB2、反向启动按钮 SB1、停止按钮 SB3，PLC 的 485 通信插头与变频器通信端子 485+、485− 连接，变频器端子 L1、L2 接 AC 220V 交流电，如图 5-1-6 所示。

3. 通信组态

Modbus 通信的详细设置和组态过程参照项目 3 任务 3。在 TIA 博途软件中组态 PLC 和通信模块，添加 DB 块，命名为"发送数据区"，如图 5-1-7 所示。新建 5 个 Word 空间的 Modbus 通信数据区，其中 Modbus[0] 用于给变频器发送频率设定值，Modbus[1] 用于给变频器发送运行方式设定值，其余空间可以根据需要读取变频器的运行数据等。

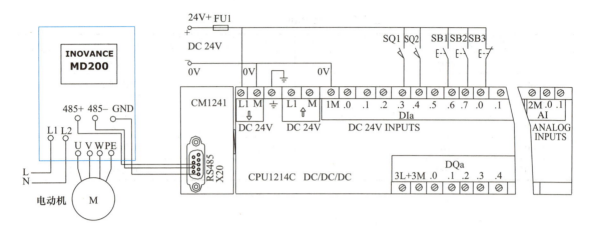

图 5-1-6 电气原理图

		名称	数据类型	偏移量	起始值	注释
		发送数据区				
1	◀	Static				
2	◀	Modbus	Array[0..4] of Word	0.0		
3	◀	Modbus[0]	Word	0.0	16#0	变频器频率设定
4	◀	Modbus[1]	Word	2.0	16#0	变频器运行方式设定
5	◀	Modbus[2]	Word	4.0	16#0	
6	◀	Modbus[3]	Word	6.0	16#0	
7	◀	Modbus[4]	Word	8.0	16#0	

图 5-1-7 发送数据区

PLC 程序及注释见表 5-1-4。

表 5-1-4 PLC 程序及注释

序号	主程序	逻辑说明
1	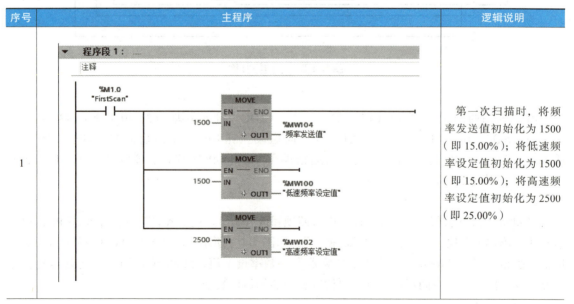	第一次扫描时，将频率发送值初始化为 1500（即 15.00%）；将低速频率设定值初始化为 1500（即 15.00%）；将高速频率设定值初始化为 2500（即 25.00%）

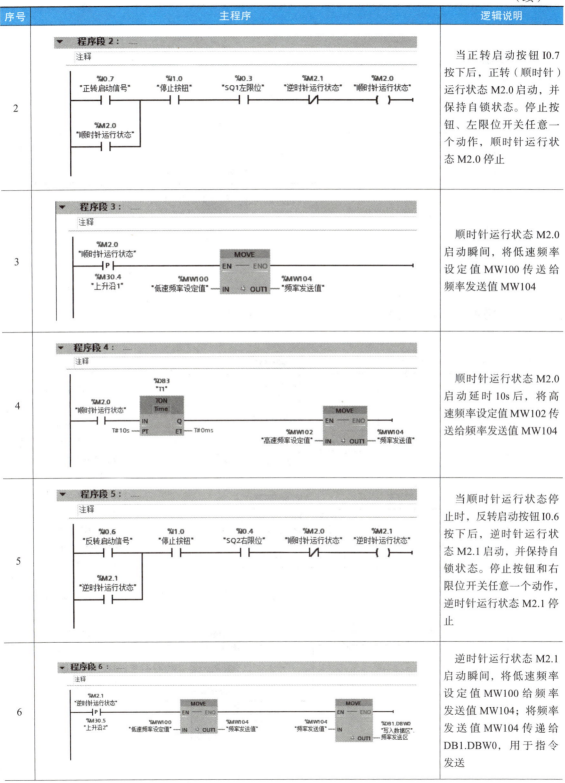

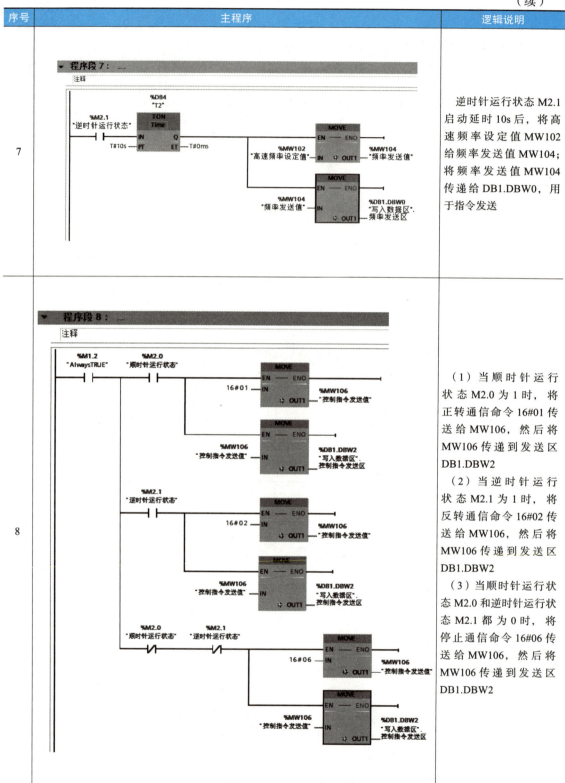

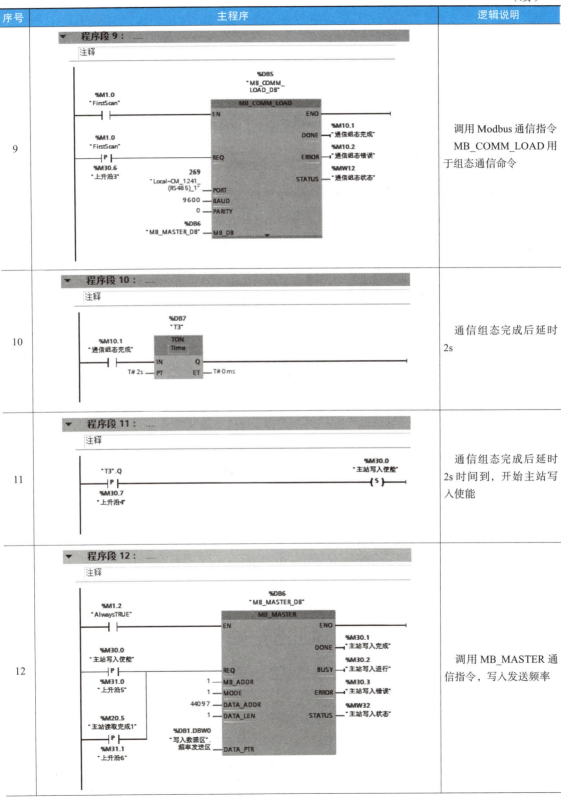

（续）

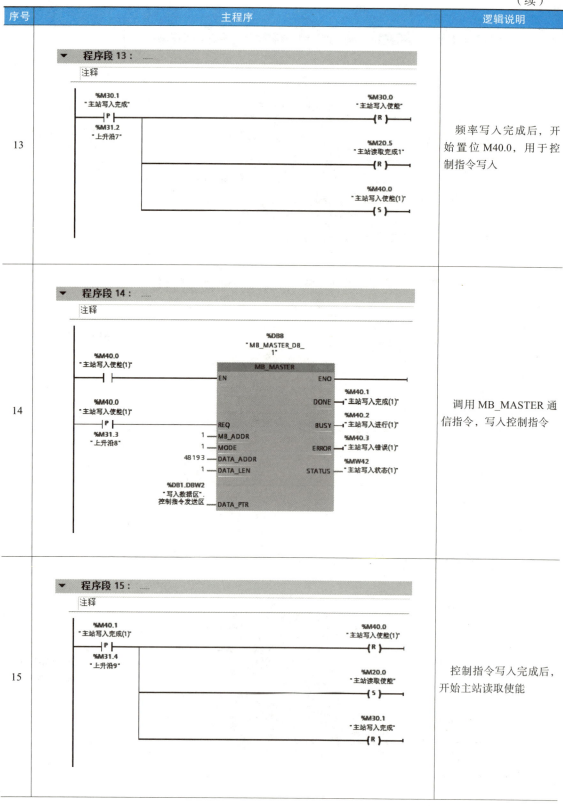

（续）

序号	主程序	逻辑说明
16	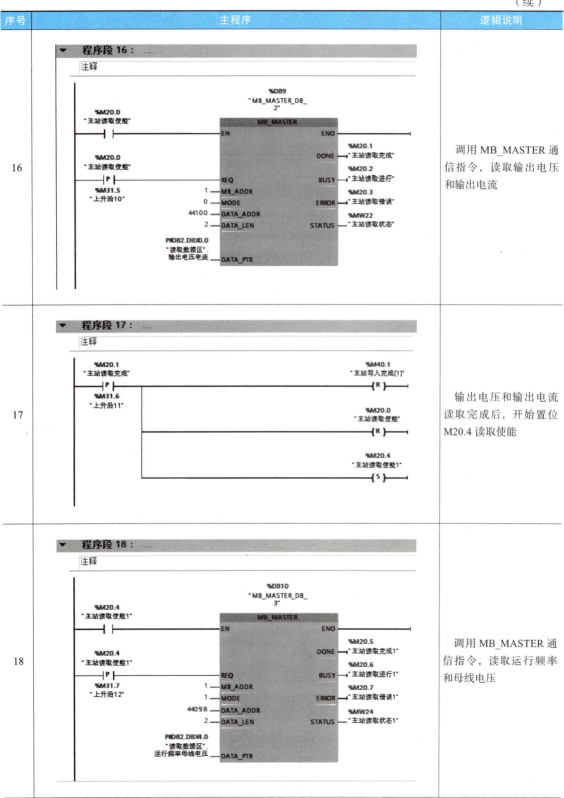	调用 MB_MASTER 通信指令，读取输出电压和输出电流
17		输出电压和输出电流读取完成后，开始置位 M20.4 读取使能
18		调用 MB_MASTER 通信指令，读取运行频率和母线电压

（续）

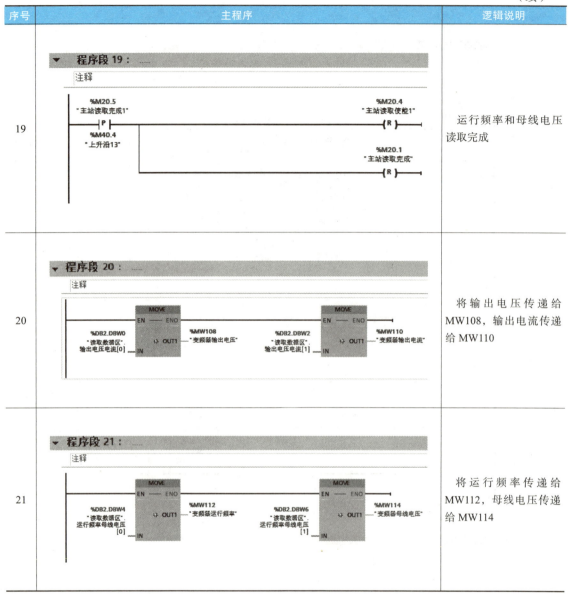

4. 运行调试

程序编写完成后，下载程序并开始运行调试。首先，按下正向启动按钮，电动机开始以15Hz的频率自右向左正向运行，10s后，电动机切换到25Hz继续向左运行。当按下停止按钮或平台触碰到左限位开关时，电动机停止。然后，按下反转按钮，电动机开始以15Hz的频率自左向右反向运行，10s后，电动机切换到25Hz继续向右运行。当按下停止按钮或平台触碰到右限位开关时，电动机停止。

如图5-1-8所示，触摸屏画面为输入、输出参数显示画面。触摸屏画面当前显示的是电动机正在以10Hz的低速频率设定向右正转运行。当前运行频率为10Hz，输出电流为0.29A，输出电压为155V。通过状态指示灯，显示左、右限位的当前状态和电动机的运行方向。

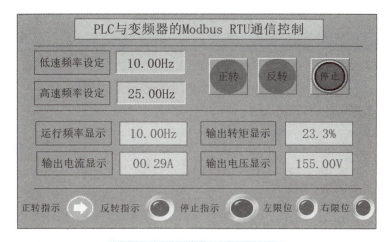

图 5-1-8 触摸屏运行调试画面

5.1.4 任务总结

1）完成 PLC 和变频器的 Modbus 通信，完成变频器控制参数设置，如设置 F0-02=2，可通过远程通信输入控制命令。

2）不同品牌的变频器的 Modbus 通信地址有所不同，可以查看产品说明书，通常需要写入变频器数据有"启动""停止""方向""频率"等，读取变频器数据有"电压""电流""频率"等。

3）编写 Modbus 程序时，要设置正反控制方向、控制频率等，如变频器报错要根据错误代码查询故障并及时排除。

5.1.5 任务训练

1. 对于汇川 MD200 系列变频器，设置电动机额定电压的参数是（　　）。
A. F1-01　　　　　B. F1-02　　　　　C. F1-03　　　　　D. F1-04

2. 变频器最大频率设为 100Hz，输出的频率为变频器最大频率的百分比，所以 15.00% 对应为（　　）。
A. 15.00Hz　　　　B. 25Hz　　　　　C. 30Hz　　　　　D. 5Hz

3. 变频器控制命令字 16#01（正转运行）、16#02（反转运行），对应的 Modbus 通信地址 44097，要求变频器带动电动机正转运行，往地址 44097 中发送数字（　　）。
A. 16#00　　　　　B. 16#01　　　　　C. 16#02　　　　　D. 16#03

4. 汇川变频器的频率信息对应的 Modbus 数据地址为（　　）。
A. 40001　　　　　B. 40009　　　　　C. 48193　　　　　D. 44097

5. 汇川变频器 Modbus 通信本机地址设置参数是（　　）。
A. Fd-01　　　　　B. Fd-02　　　　　C. Fd-03　　　　　D. Fd-04

5.1.6 任务评价

请根据自己在本任务中的实际表现进行评价，见表 5-1-5。

表 5-1-5　任务评价表

项目	评分标准	分值	得分
接受工作任务	明确工作任务	5	
信息收集	汇川变频器控制参数设置	5	
制定计划	工作计划合理可行，人员分工明确	10	
计划实施	按照电气原理图完成接线任务	10	
	按照参数表完成变频器参数设置	10	
	设计动作流程	10	
	定义控制器输入/输出点功能	10	
	设计 PLC 的控制程序	10	
	按照要求完成相应控制任务，调试运行正确	10	
	调试步骤正确，安全防护合理	10	
质量检查	按照要求完成相应任务	5	
评价反馈	经验总结到位，合理评价	5	
得分（满分 100）			

任务 2　PLC 与 ABB 机器人的 PROFINET 通信应用

学习目的

1. 掌握博途加载 GSD 文件的用法；
2. 掌握 ABB 机器人 PROFINET 通信的设置过程；
3. 具备根据控制要求绘制电气图样及完成硬件接线的能力；
4. 具备通信程序的编程和调试能力。

5.2.1　任务描述

本任务通过西门子 S7-1200 PLC 与 ABB 机器人的 PROFINET 通信控制机器人完成工件的去毛刺动作。根据工件形状对 ABB 机器人进行编程完成轨迹规划和速度控制。ABB 机器人可以以快慢两种速度完成去毛刺工作，快速和慢速可通过方式选择开关选择，并通过状态指示灯指示当前的速度状态。

按下启动按钮 SB1（绿色），绿色指示灯 P1 亮。方式选择开关 S1=0 时，处于模式 1（Model），机器人得电运行并慢速去毛刺，黄色指示灯 P2 常亮；当 S1=1 时，处于模式 2（Mode2），机器人得电运行并快速去毛刺，黄色指示灯 P2 闪烁（闪烁周期 1 步/s）。按下停止按钮 SB2，停止去毛刺动作。图 5-2-1 为相关实物图。

图 5-2-1　实物图

PLC 与 ABB 机器人的 PROFINET 通信应用

5.2.2 知识储备

西门子博途软件中没有 ABB 机器人控制器这一外部设备，所以在组态前需要在博途软件中加载管理通用站描述文件（GSD 文件）。

1. PROFINET 通信的 GSD 文件获取方法

在 RobotStudio 软件的 Add-Ins 下面打开和 ABB 机器人系统版本一致的"RobotWare 6.08.01"并右击，在弹出的快捷菜单中选择"打开数据包文件夹"，找到对应的安装路径 C:\ProgramData\ABB Industrial IT\Robotics IT\DistributionPackages\ABB.RobotWare-6.08.1040\RobotPackages \ RobotWare_RPK_6.08.1040\utility\service\GSDML，复制对应的 GSDML 文件放到计算机硬盘某个位置，如图 5-2-2 所示。

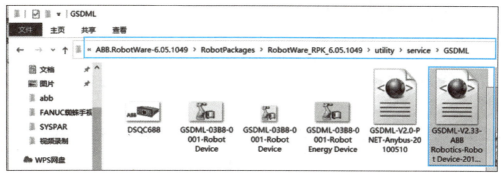

图 5-2-2　GSD 文件获取

2. 博途加载 GSD 文件

打开博途软件，创建新项目，添加 PLC 硬件，这里添加的是"PLC_1[CPU 1214C DC/DC/DC]"。选择菜单栏"选项"→"管理通用站描述文件（GSD）"命令，如图 5-2-3 所示。

源路径选择 GSD 文件保存的路径，系统会自动查找，勾选 GSDML 文件，单击"安装"按钮即可，如图 5-2-4 所示。安装完后会弹出消息提示安装已成功完成，最后单击"关闭"按钮，系统会自动更新硬件目录。

加载 GSD 文件

图 5-2-3　加载 GSD 文件

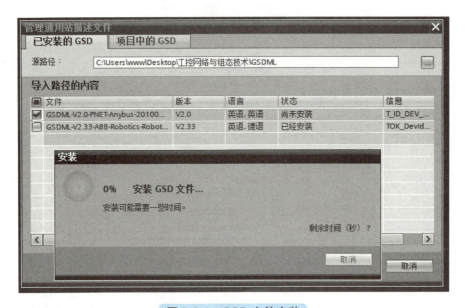

图 5-2-4　GSD 文件安装

单击"设备和网络"选项，在硬件目录里选择"其他现场设备"→"PROFINET IO"→"ABB Robotics"→"Robot Device"，选择相应的硬件版本。双击该版本或拖拽到设备和网络窗口，如图 5-2-5 所示。

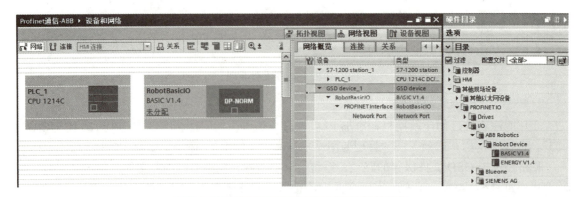

图 5-2-5　ABB PROFINET 通信模块组态

将 PLC 和 Robot PROFINET 通信设备连接起来，选中 Robot 通信设备，在其"属性"中修改 IP 地址为"192.168.0.10"，如图 5-2-6 所示。修改 PROFINET 设备名称为"ABB"，如图 5-2-7 所示。

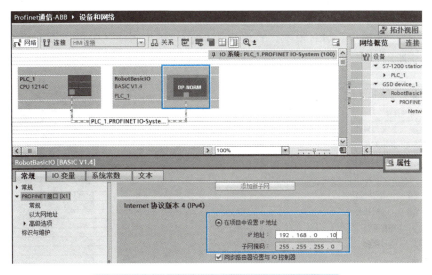

图 5-2-6　PROFINET 通信模块 IP 地址设置

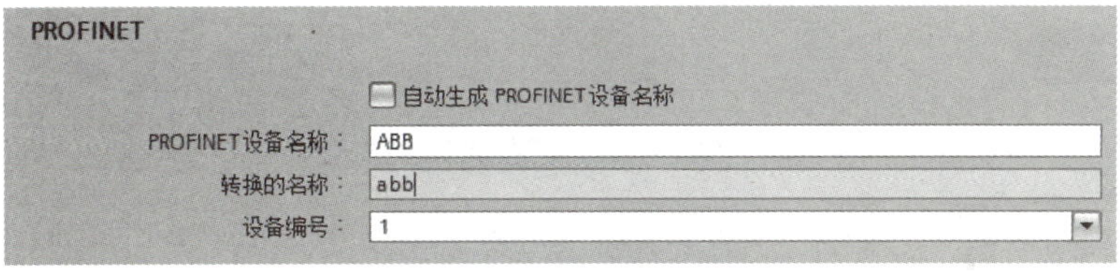

图 5-2-7　设备名称修改

双击 PROFINET 通信设备，从硬件目录中选择 DI 和 DO 模块加入设备概览中，此处选择 256B 的存储区域，并修改它们的 I/O 地址，此处修改为"100…355"，如图 5-2-8 所示。这两个存储区域为与 PLC 交换数据区。

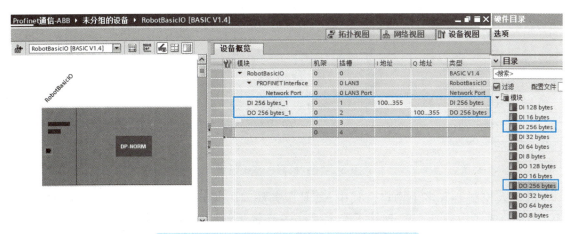

图 5-2-8　PROFINET 设备输入/输出地址设置

5.2.3 任务实施

1. PROFINET 通信网口设置

打开 RobotStudio，创建一个新的工作站，添加相应型号的机器人模型（IRB1410）。添加系统，配置机器人支持 PROFINET 通信的选项。

启动示教器，选择"手动"模式，查看系统信息，在"选项"中可以看到已匹配的通信设置，如图 5-2-9 所示。

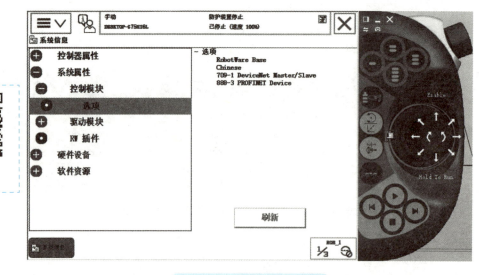

图 5-2-9 机器人系统信息

在"System Options"中选择"Default Language"为中文，在"Industrial Networks"中勾选相应的通信选项（709-1 DeviceNet Master/Slave、888-2 PROFINET Controller/Device 或 888-3 PROFINET Device），如图 5-2-10 所示。

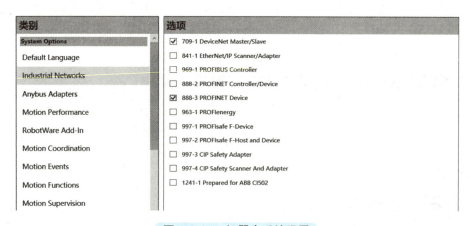

图 5-2-10 机器人系统设置

机器人控制器有多个网口，其中 X2 是服务端口，其 IP 地址固定为 192.168.125.1；X3（LAN1）连接了示教器，X7 连接了安全板，X9 连接了轴计算机，如图 5-2-11 所示。机器人需要勾选 888-2 或 888-3 选项（使用控制器网口），或者 840-3 选项（使用 Anybus 网口）才可以进行 PROFINET 通信。PROFINET 可以连接 X6（WAN）或者 X5（LAN3），根据设置连接，本任务选择连接 LAN3 口。

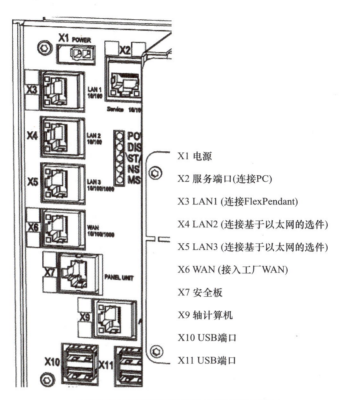

图 5-2-11 机器人控制柜网口配置

选择"控制面板"→"配置"→"主题"→"Communication"→"IP Setting"→"PROFINET Network"命令，设置 IP 地址和子网掩码等信息，如图 5-2-12 所示，设置完成后重启系统。注意要与博途软件端的配置相同，此处 IP 设为"192.168.0.2"，子网掩码设为"255.255.255.0"，网口选择"LAN3"。

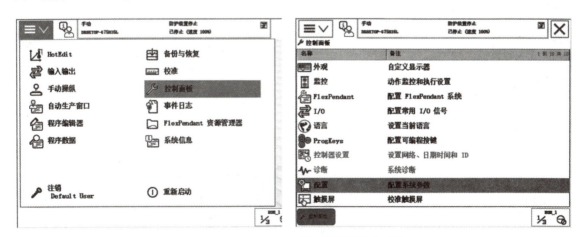

图 5-2-12 机器人 PROFINET 通信设置

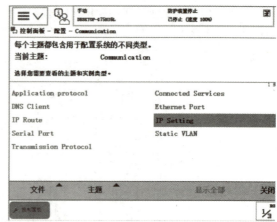

图 5-2-12　机器人 PROFINET 通信设置（续）

2. PROFINET 通信区域设置

选择"控制面板"→"配置"→"主题"→"I/O"→"PROFINET Internal Device"→"PN_Internal_Device"命令，配置输入/输出字节数，应和博途软件中 PLC 的设置一致，即 256B 输入和 256B 输出，如图 5-2-13 所示。

图 5-2-13　机器人通信区域配置

图 5-2-13　机器人通信区域配置（续）

在配置界面下，进入"Industrial Network"→"PROFINET"→"PROFINET Station Name"，设置 Station 的名称，这个名称要和 PLC 端对机器人的 Station 设置一致，此处设为"ABB"，如图 5-2-14 所示。

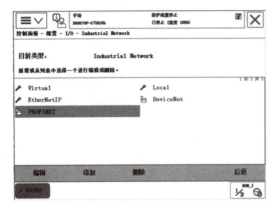 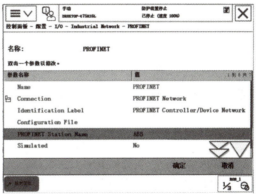

图 5-2-14　机器人通信站命名

选择"主题"→"I/O"→"Signal"，配置输入/输出信号。添加一个 16 位组输入信号（命名为"IN100"）、一个 16 位组输出信号（命名为"OUT100"）、两个数字量输出信号"A0"和"A1"，如图 5-2-15 所示。所有配置在重新启动控制器之后生效。

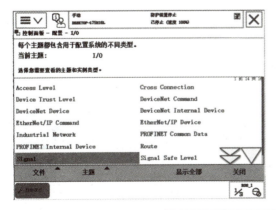 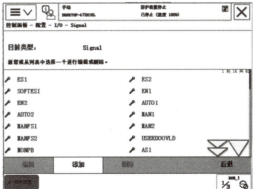

图 5-2-15　机器人输入/输出信号配置

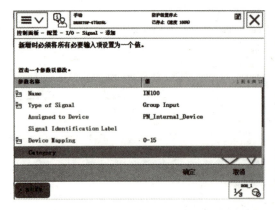

图 5-2-15　机器人输入 / 输出信号配置（续）

打开 PLC 监控表监控对应的 I/O 数据，修改一台设备的输出，观察另一台设备是否能准确无误地收到对应数据。交换数据关系见表 5-2-1。

表 5-2-1　PLC 和机器人交换数据关系

序号	PLC 地址	机器人信号
1	QW100	IN100（DI0～DI15）
2	IW100	OUT100（DO0～DO15）
3	I102.0	A0
4	I102.1	A1

3. 电气接线

ABB 机器人和 PLC 的 I/O 分配表见表 5-2-2。

表 5-2-2　I/O 分配表

序号	机器人控制器信号		PLC 信号	
	I/O 口	信号含义	I/O 口	信号含义
1	DI0	Motors on	Q100.0	I/O 交换信号
2	DI1	PP To Main	Q100.1	I/O 交换信号
3	DI2	Start	Q100.2	I/O 交换信号
4	DI3	Motors off	Q100.3	I/O 交换信号

（续）

序号	机器人控制器信号		PLC 信号	
	I/O 口	信号含义	I/O 口	信号含义
5	DI4	Stop	Q100.4	I/O 交换信号
6	DI5	Mode_1	Q100.5	I/O 交换信号
7	DI6	Mode_2	Q100.6	I/O 交换信号
8	A0	模式 1	I102.0	I/O 交换信号
9	A1	模式 2	I102.1	I/O 交换信号
10	DO0	报警灯	I100.0	
11	DO1	气动阀	I100.1	
12	DO2	旋转去毛刺电动机	I100.2	
13			I0.1	方式选择开关 S1
14			I0.2	启动按钮 SB1
15			I0.3	停止按钮 SB2
16			Q0.4	绿色指示灯 P1
17			Q0.5	黄色指示灯 P2

本项目中 PLC 共用到 3 输入、2 输出，机器人以太网端口与 PLC 的网口进行通信连接，其接线图如图 5-2-16 所示。

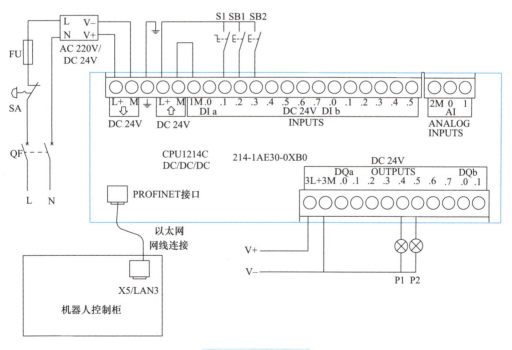

图 5-2-16　接线图

4. 程序设计

（1）PLC 程序设计

上电后，绿色指示灯亮，机器人在原点准备。通过方式选择开关 S1 选择快/慢速去毛刺动作，运行相应的机器人程序。PLC 程序及注释见表 5-2-3。

表 5-2-3 PLC 程序及注释

PLC 程序	程序说明
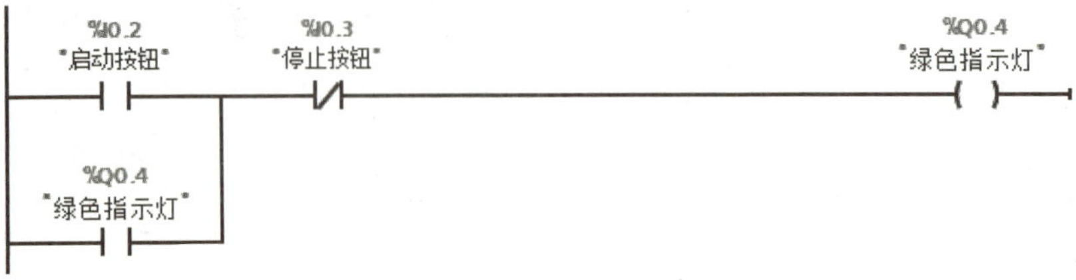 %I0.2 "启动按钮" —┤├— %I0.3 "停止按钮" —┤/├— %Q0.4 "绿色指示灯" —( )— ; %Q0.4 "绿色指示灯" —┤├—	启动,绿色指示灯亮
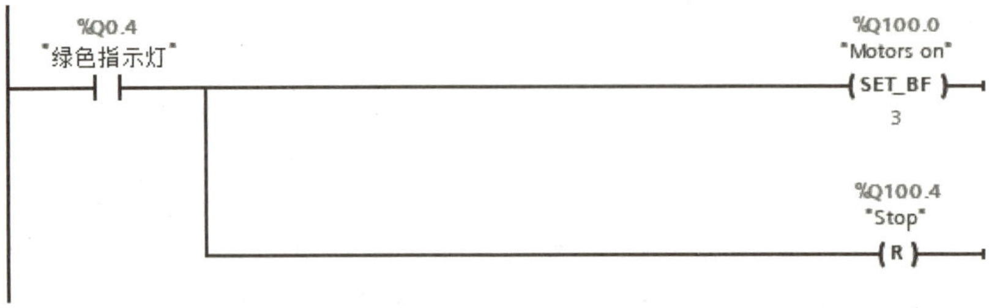 %Q0.4 "绿色指示灯" —┤├— %Q100.0 "Motors on" —(SET_BF)— 3 ; %Q100.4 "Stop" —(R)—	机器人电动机使能,程序光标指向 Main
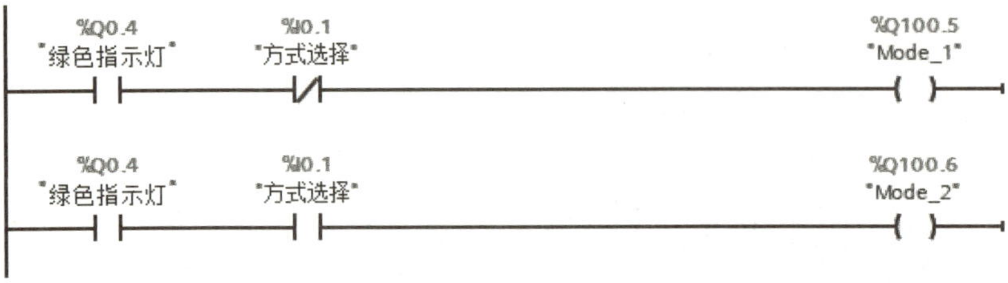 %Q0.4 "绿色指示灯" —┤├— %I0.1 "方式选择" —┤/├— %Q100.5 "Mode_1" —( )— ; %Q0.4 "绿色指示灯" —┤├— %I0.1 "方式选择" —┤├— %Q100.6 "Mode_2" —( )—	模式选择
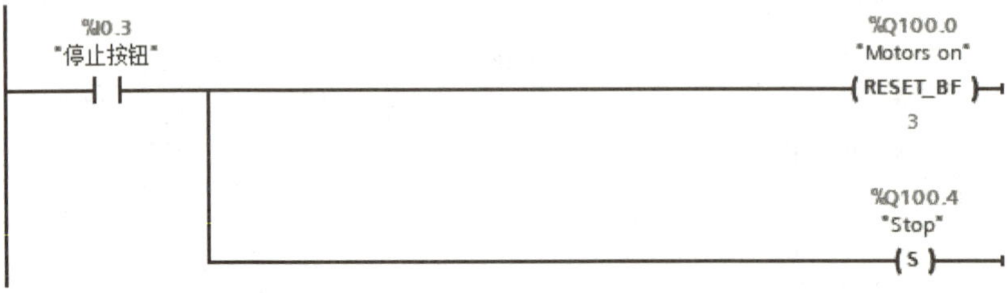 %I0.3 "停止按钮" —┤├— %Q100.0 "Motors on" —(RESET_BF)— 3 ; %Q100.4 "Stop" —(S)—	按下停止按钮,机器人停止动作
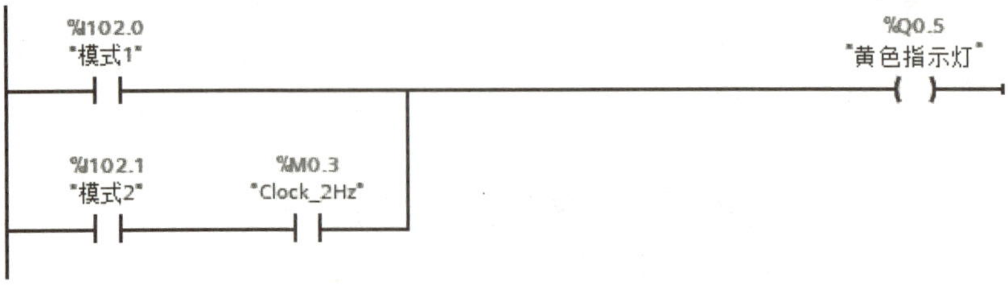 %I102.0 "模式1" —┤├— %Q0.5 "黄色指示灯" —( )— ; %I102.1 "模式2" —┤├— %M0.3 "Clock_2Hz" —┤├—	模式1与模式2对应的黄色指示灯状态

(2) ABB 机器人程序设计

启动后,执行初始化子程序,根据 IN100_6 和 IN100_7 信号的状态执行相应的子程序。

① 主程序分析。

```
MODULE mainprogram
    PROC main（）            ……主程序开始
        chushihua;           ……初始化复位程序
        WHILE TRUE DO        ……无限循环,直到有信号为止
            IF DI5=1 THEN    ……等待 S1 信号
                Routine1     ……模式 1 慢动作子程序
            ENDIF
            IF DI6=1 THEN    ……等待 S1 信号
                Routine2;    ……模式 2 快动作子程序
            ENDIF
        ENDWHILE
        finish;
    ENDPROC
ENDMODULE
```

② 子程序分析。

```
MODULE Module1
    PROC Routine1（）        ……模式 1 慢动作子程序
        MoveAbsJ HOME\NoEOffs, v1000, z50, tool0;
        Set A0; ……发送信号给 PLC,黄色指示灯常亮
        MoveJ Offs（Area1_1, -1, 0, 150）, v1000, z0, tool0;
        Set DO1; ……气动阀
        Set DO2; ……旋转去毛刺
        MoveL Area1_1, v1000, z0, tool0;
        MoveL Area1_2, v200, z0, tool0;
        MoveL Area1_3, v200, z0, tool0;
        MoveL Area1_4, v200, z0, tool0;
        MoveL Area1_5, v200, z0, tool0;
    MoveL Offs（Area1_6, -1, 0, 150）, v1000, z0, tool0;
        Reset DO1;
        Reset DO2;
        Reset A0;
    ENDPROC
    PROC Routine2（）……模式 2 快动作子程序
        MoveAbsJ HOME\NoEOffs, v1000, z50, tool0;
        Set A1; ……发送信号给 PLC,黄色指示灯闪烁
        MoveJ Offs（Area1_1, -1, 0, 150）, v1000, z0, tool0;
        Set DO1;              ……气动阀
        Set DO2;              ……旋转去毛刺
        MoveL Area1_1, v1500, z0, tool0;
        MoveL Area1_2, v1000, z0, tool0;
        MoveL Area1_3, v1000, z0, tool0;
```

```
        MoveL Area1_4, v1000, z0, tool0;
        MoveL Area1_5, v1000, z0, tool0;
        MoveL Offs（Area1_6，-1，0，150），v1000, z0, tool0;
        Reset DO1;
        Reset DO2;
        Reset A1;
    ENDPROC
    PROC finish（ ）
        Reset DO1;
        Reset DO2;
        MoveAbsJ HOME\NoEOffs, v1000, z50, tool0;
    ENDPROC
    PROC chushihua（ ）
        AccSet 50，50;
        VelSet 20，1000;
        MoveAbsJ HOME\NoEOffs, v1000, z50, tool0;
        Set do10_6;
        Set do10_7;
        WaitTime 1;
    ENDPROC
```

5. 运行调试

完成电路接线和程序设计之后，进行运行调试。将方式选择开关 S1 旋至 0 状态，按下启动按钮 SB1，绿色指示灯 P1 点亮，机器人得电运行，工作于慢速去毛刺状态，黄色指示灯 P2 常亮；将方式选择开关 S1 旋至 1 状态，机器人完成上一个程序后，进入快速去毛刺状态，此时 P2 闪烁。实物调试图如图 5-2-17 所示。

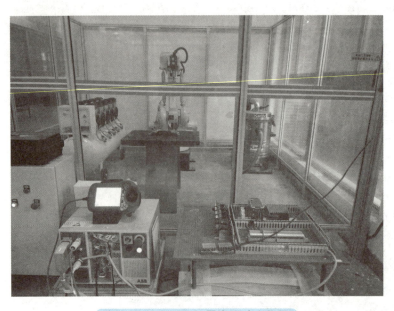

图 5-2-17　ABB 机器人调试实物图

5.2.4 任务总结

1）西门子博途软件中没有 ABB 机器人控制器这一外部设备，所以在组态前需要在博途软件中加载管理通用站描述（GSD）文件，可以在 RobotWare 中找到对应的 GSDML 文件。

2）在博途软件中加载 ABB 控制器硬件，需在硬件目录中选择"其他现场设备"→"PROFINET IO"→"ABB Robotics"→"Robot Device"，选择相应的硬件版本就可以完成添加。

3）在博途软件的 ABB 控制器硬件目录中选择 DI 和 DO 模块并修改其 I/O 地址，作为与 PLC 交换数据的存储区域，同时在机器人控制器中配置相应的输入/输出信号，实现机器人与 PLC 的 PROFINET 通信。

5.2.5 任务训练

1. PLC 和机器人通过 PROFINET 通信，PLC 的 IP 地址设为 192.168.0.2，则可以设置机器人 PROFINET 通信 IP 地址为（　　）。

    A. 192.200.0.100　　B. 172.168.255.0　　C. 192.168.10.0　　D. 192.168.0.10

2. 表 5-2-1 中描述了 PLC 和机器人控制器之间的信号交换关系，若 PLC 的 Q100.5 发送信号 1 给机器人，则机器人控制器的（　　）会得电。

    A. DI0　　　　　　B. DI5　　　　　　C. DO0　　　　　　D. DO5

3. 在博途软件机器人控制器硬件目录中选择"DI 16 bytes"模块，并修改 I/O 起始地址为 60，则结束地址为（　　）。

    A. 100　　　　　　B. 76　　　　　　　C. 75　　　　　　　D. 256

5.2.6 任务评价

请根据自己在本任务中的实际表现进行评价，见表 5-2-4。

表 5-2-4　任务评价表

项目	评分标准	分值	得分
接受工作任务	明确工作任务	5	
信息收集	ABB 机器人 PROFINET I/O 通信设置	5	
	西门子博途加装 GSD 文件	5	
制定计划	工作计划合理可行，人员分工明确	10	
计划实施	按照电气原理图完成接线任务	10	
	在 RobotStudio 软件中完成机器人参数设置	10	
	设计动作流程	10	
	定义控制器输入/输出点功能	5	
	设计 PLC 的控制程序	10	
	按照要求完成相应控制任务，调试运行正确	10	
	调试步骤正确，安全防护合理	10	
质量检查	按照要求完成相应任务	5	
评价反馈	经验总结到位，合理评价	5	
得分（满分 100）			

任务 3　PLC 与 HIKVISION 相机的 TCP 通信应用

学习目的
1. 掌握 TCP 通信发送和接收字符的用法；
2. 掌握 VisionMaster 视觉软件通信参数的设置方法；
3. 了解 VisionMaster 视觉软件的流程编写；
4. 具备根据要求绘制电路图样和硬件接线的能力；
5. 具备复杂程序的编程和调试能力。

5.3.1　任务描述

输送线视觉检测系统结构示意图如图 5-3-1 所示，系统主要由西门子 S7-1200 PLC 和海康威视（HIKVISION）相机组成。工件沿输送线传送，到达检测位，由传感器发送信号给 PLC，PLC 发送信号给相机进行拍照，拍照结束后由视觉系统进行判断并发送数字信号给 PLC。如果收到"1"信号，则工件沿输送带传输，剔除装置不工作；如果收到"0"信号，则剔除装置工作，将工件剔除出输送线。设备通信的 IP 地址设置：海康威视相机为 192.168.0.10，PLC 控制器为 192.168.0.2。

按照控制要求完成控制系统电气原理图设计、项目组态、相机设置和视觉处理。

PLC 与 HIKVISION 相机的 TCP 通信应用

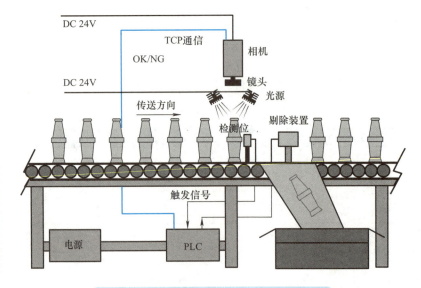

图 5-3-1　输送线视觉检测系统结构示意图

5.3.2　知识储备

工业相机是机器视觉系统中的关键组件，本质的功能就是将光信号转变成有序的电信号。选择合适的相机也是机器视觉系统设计中的重要环节，相机的选择不仅直接决定所采集到的图像分辨率、图像质量等，同时也与整个系统的运行模式直接相关。

1. 相机主要参数

工业相机的主要参数有：

1）分辨率：相机每次采集图像的像素点数，对于数字相机一般直接与光电传感器的像元数对应，对于模拟相机则取决于视频制式，PAL 制为 768×576，NTSC 制为 640×480 像素，模拟相机已经逐步被数字相机代替。

2）像素深度：即每像素数据的位数，常用 8bit，对于数字相机一般还会有 10bit、12bit、14bit 等。

3）最大帧率/行频：相机采集传输图像的速率，对于面阵相机一般为每秒采集的帧数，对于线阵相机为每秒采集的行数。

4）曝光方式和快门速度：线阵相机都是逐行曝光的方式，可以选择固定行频和外触发同步的采集方式，曝光时间可以与行周期一致，也可以设定一个固定的时间；面阵相机有帧曝光、场曝光和滚动行曝光等常见方式，数字相机一般都提供外触发采图的功能。

5）像元尺寸：像元尺寸和像元数（分辨率）共同决定了相机靶面的大小。数字相机像元尺寸为 3~10μm，一般像元尺寸越小，制造难度越大，图像质量也越不容易提高。

6）光谱响应特性：指该像元传感器对不同光波的敏感特性，一般响应范围是 350~1000nm。

7）接口类型：Camera Link 接口、以太网接口、1394 接口、USB 接口等。

2. VisionMaster 算法平台

VisionMaster 算法平台依托海康机器人在算法技术领域多年的积累，拥有强大的视觉分析工具库，集成机器视觉多种算法组件，适用于多种应用场景，可满足视觉定位、测量、检测和识别等视觉应用需求，VisionMaster 算法平台功能丰富、性能稳定、用户操作界面友好，如图 5-3-2 所示。它支持多平台运行，适用于 Windows（64bit 操作系统），兼容性高。使用该算法平台前，需安装相应加密狗驱动和工业相机等硬件设备驱动。

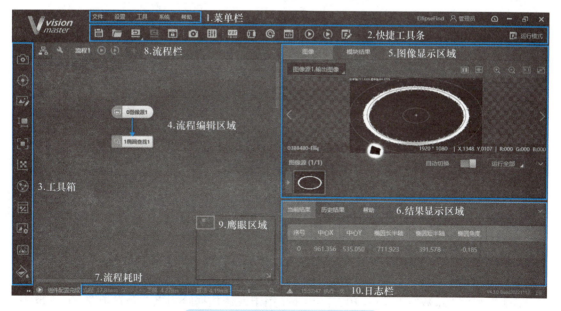

图 5-3-2　VisionMaster 软件界面

3. 工业相机与 PLC 的通信

通信是连通视觉算法平台和外部设备的重要渠道，VisionMaster 算法平台中既支持外部数据的读入，也支持数据的写出，当通信构建起来以后既可以把软件处理结果发送给外界，也可以通过外界发送字符来触发相机拍照或者软件运行。

5.3.3 任务实施

1. 电气接线

PLC 的 I/O 信号见表 5-3-1。

表 5-3-1 PLC 的 I/O 信号

输入信号	信号含义	输出信号	信号含义
I0.0	启动按钮	Q0.4	工作指示灯
I0.1	工件到位检测	Q0.5	输送带电动机
I0.2	剔除到位检测	Q0.6	剔除装置
I0.3	停止按钮		

本项目中 PLC 共用到 4 输入、3 输出，安装视觉软件的上位机以太网端口与 PLC 的网口进行通信连接，其电气原理图如图 5-3-3 所示。完成硬件接线。

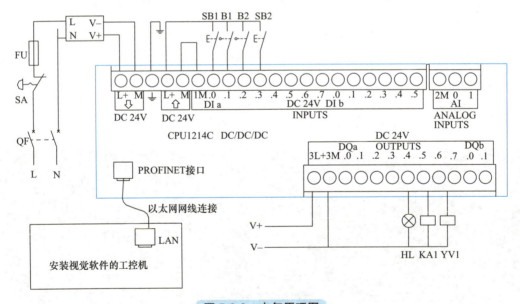

图 5-3-3 电气原理图

2. 博途端 TCP 通信组态

打开西门子博途软件，新建项目并命名为"海康相机 TCP 通信"，组态 PLC 硬件选择"S7-1200 1214C DC/DC/DC"，选择合适的硬件版本号。

1）创建通信数据块用于存储通信数据，右击"属性"取消优化的块访问。

2）在通信数据块中创建发送数据区 Send 和接收数据区 Rec，如图 5-3-4 所示。

Send 为 8B Char 数组，Array [0..7] of Char 用于发送数据给相机，触发拍照。Rec 也是 8B 数组，Array[0..7] of Char 用于接收相机返回的数据。

通信数据块					
	名称	数据类型	偏移量	起始值	保持
1	▼ Static				
2	▼ Send	Array[0..7] of Char	0.0		
3	Send[0]	Char	0.0	''	
4	Send[1]	Char	1.0	''	
5	Send[2]	Char	2.0	''	
6	Send[3]	Char	3.0	''	
7	Send[4]	Char	4.0	''	
8	Send[5]	Char	5.0	''	
9	Send[6]	Char	6.0	''	
10	Send[7]	Char	7.0	''	
11	▼ Rec	Array[0..7] of Char	8.0		
12	Rec[0]	Char	8.0	''	
13	Rec[1]	Char	9.0	''	
14	Rec[2]	Char	10.0	''	
15	Rec[3]	Char	11.0	''	
16	Rec[4]	Char	12.0	''	
17	Rec[5]	Char	13.0	''	
18	Rec[6]	Char	14.0	''	
19	Rec[7]	Char	15.0	''	

图 5-3-4　通信数据块设置

3）创建通信函数块 FC，编写通信程序，见表 5-3-2。

表 5-3-2　通信程序及注释

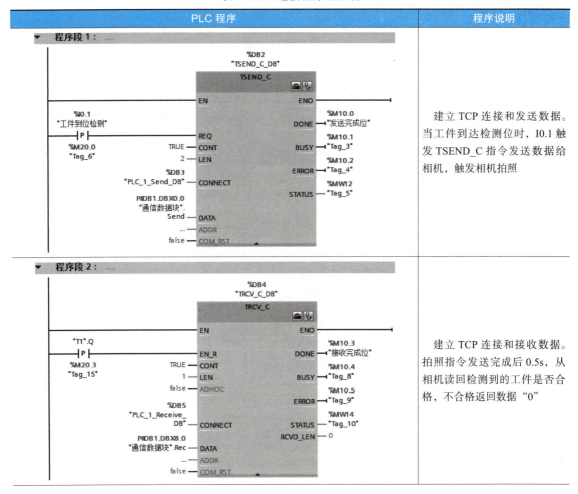

PLC 程序	程序说明
程序段 1：……	建立 TCP 连接和发送数据。当工件到达检测位时，I0.1 触发 TSEND_C 指令发送数据给相机，触发相机拍照
程序段 2：……	建立 TCP 连接和接收数据。拍照指令发送完成后 0.5s，从相机读回检测到的工件是否合格，不合格返回数据"0"

(续)

PLC 程序	程序说明
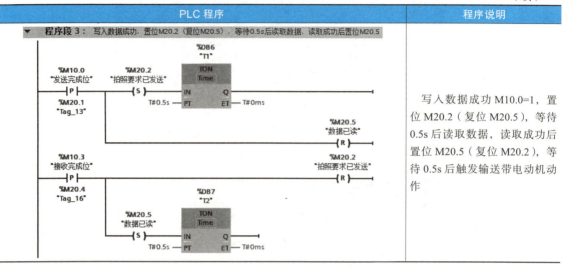	写入数据成功 M10.0=1，置位 M20.2（复位 M20.5），等待 0.5s 后读取数据，读取成功后置位 M20.5（复位 M20.2），等待 0.5s 后触发输送带电动机动作

TSEND_C 和 TRCV_C 的 CONNECT 参数设置如图 5-3-5 所示，伙伴端设置为"未指定"，IP 地址设置为 PC 的 IP 即 192.168.0.10，端口为 2000。

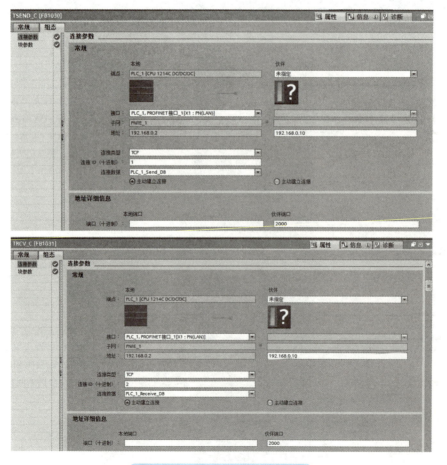

图 5-3-5　CONNECT 参数设置

4）编写主程序 Main，见表 5-3-3。

表 5-3-3　主程序及注释

PLC 程序	程序说明
程序段 1：上电初始化 %M1.0 "FirstScan" → %Q0.4 "指示灯" RESET_BF 3 %M10.0 "Tag_2" RESET_BF 8 %M20.0 "Tag_6" RESET_BF 8	上电初始化，复位
程序段 2：运行启动 %I0.0 "启动按钮" — %I0.3 "停止按钮"（常闭） — %Q0.4 "指示灯" %Q0.4 "指示灯"（并联） %Q0.4 "指示灯" — %I0.1 "工件到位检测" — %Q0.5 "输送带电动机"（S） %I0.1 "工件到位检测" — %Q0.5 "输送带电动机"（R）	启动，指示灯亮，未检测到工件则输送带运行，检测到工件则输送带停止
程序段 3：调用通信程序 %Q0.4 "指示灯" — %FC1 "通信块" EN ENO	调用通信函数 FC
程序段 4：拍照检测后输送带动作 %Q0.4 "指示灯" — STRG_VAL String TO Sint：EN，%DB1.DBB8 "通信数据块".Rec[0] → IN，00 → FORMAT，1 → P，OUT → %MB200 "Tag_11" ENO %M20.5 "数据已读" — %M20.2 "拍照要求已发送"（常闭） — %MB200 "Tag_11" == Byte 0 — %Q0.6 "剔除装置"（S） "T2".Q — %Q0.5 "输送带电动机"（S） %M20.5 "数据已读" — %M20.2 "拍照要求已发送"（常闭） — %MB200 "Tag_11" <> Byte 0 — %Q0.6 "剔除装置"（R） "T2".Q — %Q0.5 "输送带电动机"（S）	相机返回字符型处理结果（0/1），进行数据转换，并根据返回数据让剔除装置工作，数据返回延时 0.5s 后输送带运行

5）字符触发测试。PLC 程序运行，给通信数据块 Send[0] 和 Send[1] 赋值 P、Z，即发送给相机触发信号"PZ"，相机拍照，拍照后返回结果给 Rec[0]，如图 5-3-6 所示。

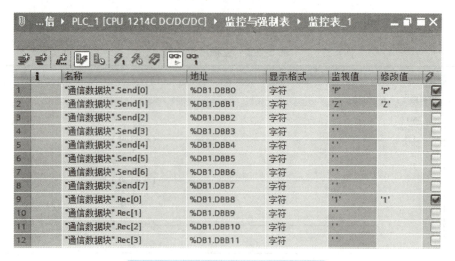

图 5-3-6 通信数据块 DB 运行状态

3. 视觉设置和编程

打开 HIKVISION 视觉软件 VisionMaster V4.3，具体操作步骤如下：

1）创建 TCP 服务端 0，设置本地 IP 为 192.168.0.10，端口为 2000，如图 5-3-7 所示。

2）创建接收数据，选择通信设备，输入数据为"TCP 服务端 0"；在相机图像"常用参数"选项卡中设置相机连接，选择已连接的相机；在相机图像"触发设置"选项卡中，触发

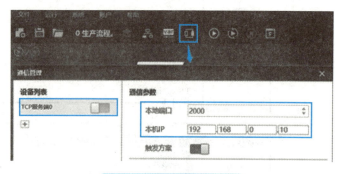

图 5-3-7 视觉通信设置

源选择"SOFTWARE"，触发字符串开启，触发字符设置为"PZ"，如图 5-3-8 所示。

图 5-3-8 接收数据和相机图像设置

3）根据工件形状绘制特征模板，并对运行参数进行设置，如图5-3-9所示。

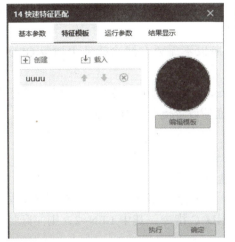

图 5-3-9　快速特征匹配

4）数据格式化，参数选择快速特征匹配结果，在发送数据的"基本参数"界面，选中"通信设备"单选按钮，并在"通信设备"列表框中选择"TCP服务端0"，在"输出数据"选项组下的"发送数据"列表框中选择"18格式化.格式化结果"，如图5-3-10所示。

图 5-3-10　数据格式化和发送数据

设置完成后，运行PLC，检测到工件到位后触发相机拍照，相机返回处理结果给PLC，剔除装置和输送线按PLC控制要求工作。

5.3.4 任务总结

1)相机发送和接收的是字符串数据,所以在博途软件的通信数据块中创建的发送数据区和接收数据区为 Array [0..] of Char(Char 数组),发送数据区发送数据给相机,触发拍照,接收数据区接收相机返回的数据。

2)TCP 通信属于西门子开放式用户通信,所以不需要在博途软件中加载 GSD 文件识别硬件。

3)海康威视相机的设置和视觉软件 VisionMaster 的编程在本书中没有详细展开,感兴趣的读者请查阅相关材料,不同品牌相机算法平台的通信设置也会略有区别。

5.3.5 任务训练

1.(   )参数反映了相机采集传输图像的速率。
A. 最大帧率/行频　　　B. 分辨率　　　　C. 快门速度　　　D. 像素深度

2. 在通信函数块 FC 的程序段 1 中设置 TSEND_C 指令,其中 LEN=2,则实际传输的数据区为(   )。
A. DB1.DBB0　　B. DB1.DBB1　　C. DB1.DBB0 和 DB1.DBB1　　D. DB1.DBB2

3. 工业相机常用接口类型有(   )。
A. Camera Link 接口　　B. 以太网接口　　C. USB 接口　　D. 1394 接口

5.3.6 任务评价

请根据自己在本任务中的实际表现进行评价,见表 5-3-4。

表 5-3-4　任务评价表

项目	评分标准	分值	得分
接受工作任务	明确工作任务	5	
信息收集	VisionMaster 算法平台的通信设置	5	
制定计划	工作计划合理可行,人员分工明确	10	
计划实施	按照电气原理图完成接线任务	10	
	在 VisionMaster 视觉软件中完成相机参数设置	10	
	设计动作流程	10	
	定义控制器输入/输出点功能	10	
	设计 PLC 的控制程序	10	
	按照要求完成相应控制任务,调试运行正确	10	
	调试步骤正确,安全防护合理	10	
质量检查	按照要求完成相应任务	5	
评价反馈	经验总结到位,合理评价	5	
	得分(满分 100)		

参考文献

[1] 刘媛媛. PLC 应用技术 [M]. 北京：中国铁道出版社，2023.
[2] 李方园. 西门子 S7-1200 PLC 从入门到精通 [M]. 北京：电子工业出版社，2018.
[3] 廖常初. S7-1200 PLC 编程及应用 [M]. 4 版. 北京：机械工业出版社，2021.
[4] 吴繁红. 西门子 S7-1200 PLC 应用技术项目教程 [M]. 2 版. 北京：电子工业出版社，2021.
[5] 耿春波. 图解工业机器人控制与 PLC 通信 [M]. 北京：机械工业出版社，2020.
[6] 张帆. 工业控制网络技术 [M]. 2 版. 北京：机械工业出版社，2019.
[7] 西门子（中国）有限公司. SIMATIC S7-1200 系统手册 [Z]. 2019.
[8] 西门子（中国）有限公司. SIMATIC S7-1200 入门手册 [Z]. 2019.
[9] 智通教育教材编写组. ABB 工业机器人视觉集成应用精析 [M]. 北京：机械工业出版社，2021.
[10] 龚仲华. ABB 工业机器人从入门到精通 [M]. 北京：化学工业出版社，2020.